JN080970

詳解 Rustアトミック操作とロック

並行処理実装のための低レイヤプログラミング

Mara Bos　著
中田 秀基　訳

Rust Atomics and Locks

Low-Level Concurrency in Practice

Mara Bos

Beijing • Boston • Farnham • Sebastopol • Tokyo

本書を書くのに忙しくて遅れたコードレビューを待っていてくれた
すべてのRustコントリビュータへ。

そしてもちろん、私の愛する人達に♥

その美しき思い出に
Amélia Ada Louise, 1994–2021

序文

本書は、Rust言語の低レイヤ並行性に関する素晴らしい概説書だ。スレッド、ロック、参照カウント、アトミック、メールボックス/チャネルなどを解説し、さらにCPUやOSの動作まで深く説明している。特にOSに関しては、Linux、macOS、Windowsすべてで正しく動作する並行コードを書くことの本質的な難しさも説明している。これらのトピックを実際に動くRustコードとして示している点が特に素晴らしい。最後の章では、セマフォ、ロックフリー連結リスト、キューベースロック、シーケンスロック、さらにはRCUまで説明している。

私のように40年近くCコードを書き続け、最近ではLinuxカーネルの最下層を書いている読者にとって、この本は何を与えてくれるのだろうか。

私は、Linux関連の会議でRustの熱烈なファンから聞かされて、Rustのことを知った。それでも私には関係ないと思っていたのだが、LWNの記事「Using Rust for Kernel Development」で名指しで意見を求められてしまった。それで書いたブログの連載記事が「So You Want to Rust the Linux Kernel?」だ。この連載記事は多くの反響を呼んだ。そのうちの一部はこの連載記事のコメント欄で見ることができる。

その議論の中で、Rustでも大量のコードを書いているある古参のLinuxカーネル開発者が、Rustで並行コードを書くならRustが望む書き方で書くべきだと言っていた。これは素晴らしい忠告だが、Rustが望む書き方とはどんなものなのか、という問いは未解決のままだった。本書はこの問いに対して素晴らしい回答を与えてくれる。並行性について学びたいRust開発者にとっても、Rustではどうしたらいいのかを学びたい他の言語の並行コード開発者にとっても、本書に価値があるのはこのためだ。

私は、もちろん後者に属する。しかし、Rustの並行性に関する活発な議論を聞いて、私の父母や祖父母が電動ノコギリや電動ドリルなどの工具に追加された不便な安全機能に愚痴を言っていたのを思い出したことを告白しなければならないだろう。これらの安全機能は今は当たり前になったが、ハンマーやタガネやチェンソーなど、あまり変わっていないものもある。どのような機械的安全機能が時の試練に耐えうるのかどうかを知ることはとても難しいので、私はソフトウェアの安全機能についても、深い謙虚な態度で臨むことを勧める。これらの機能に関して、私は推進者であると同時に批判者として振る舞っていることを理解してほしい。

このことから、別の潜在的な読者層が浮かび上がる。Rust懐疑論者だ。ほとんどのRust懐疑論者は、改善すべき点を指摘する形でコミュニティに貢献していると私は信じているが、本当にRustをよく知っている懐疑論者以外は、本書を読むことで得るものがあるはずだ。他に何も得られなかったとしても、少なくともより鋭くより的を射た批判ができるようになるだろう。

Rustの並行性に関係する安全機構を自分の好きな言語に実装したいと願う、凝り固まった非Rust開発者も本書の対象読者となるだろう。本書を読めば、彼らが自分の好きな言語に再現しさらには改善したいと願っているRustの機構を、より深く理解できるだろう。

最後に、RustがLinuxカーネルに取り込まれつつあることに気がついているLinuxカーネル開発者も、本書の対象読者となる。Jonathan Corbetの記事「Next Steps for Rust in the Kernel」を読んでみてほしい。2022年10月時点ではまだ実験的な段階だが、真剣に議論されるようになっている。実際、Linus Torvaldsが、Linuxカーネルバージョン6.1に最初のRust言語サポートを受け入れたほどだ。

あなたが本書を読んでいる理由が、Rustのレパートリーに並行性を加えて拡大するためであれ、並行性のレパートリーにRustを加えるためであれ、Rust以外の環境を改善するためであれ、他の視点から並行性というものを見直すためであれ、あなたの旅がうまくいきますように！

Paul E. McKenney
Metaプラットフォームカーネルチーム
Meta
2022年10月

まえがき

Rustは、システムプログラミングを行いやすくするために、大きな役割を果たしてきたし、今後も果たしていくだろう。しかし、アトミック操作やメモリオーダリングなどの低レイヤの並行プログラミングに関するトピックは、いまだに何か神秘的なものとして扱われていて、ごく少数の専門家に任せておいた方がいいと考えられている。

過去数年間Rustを用いたリアルタイム制御システムやRust標準ライブラリの開発を行ってきたが、アトミックや関連するトピックに関しては、多くの資料で知りたいと思うことのごく一部しか扱われていないことに気づいた。多くの資料でCやC++に焦点を当てているため、Rustのメモリ安全性やスレッド安全性や型システムとの関連を理解するのが難しい。C++のメモリモデルのような抽象的な理論の詳細に触れている資料はほとんどないし、あったとしても実際のハードウェアとの関連を曖昧にしか説明していない。実際のハードウェアについては、プロセッサの命令やキャッシュの一貫性など、すべてを詳細に扱っている資料があるが、全体を俯瞰して理解するには、さまざまな場所から情報を集める必要があった。

本書は、これらのトピックに関する情報を1つにまとめてつなぎ合わせ、読者が、ハードウェアとOSの役割を十分に理解し、設計上の決定を行い、基本的な最適化のトレードオフを行えるようになり、正しく安全で使いやすい並行プログラミングのプリミティブを自分で構築できるようになるために必要なすべての情報を提供することを目的としている。

対象読者

本書の主要な対象読者は、低レイヤの並行プログラミングについてもっと知りたいと願うRust開発者だ。Rustのことはまだあまり知らないが、Rustの視点から低レイヤの並行プログラミングがどのようなものか知りたいと願う人にも適している。

Rustの基本を知っていて、最近のRustコンパイラをインストールしていて、Rustのプログラムをcargoでコンパイルして実行する方法を知っていることを前提とする。Rustの並行性に関する重要な考え方は、必要になったところで簡単に説明するので、事前知識は必要ない。

各章の概要

本書は10章からなる。以下に各章の内容を簡単に説明する。

1章　Rust並行性の基本

この章では、Rustの並行性の基本を理解するために必要なツールと概念をすべて説明する。スレッド、Mutex、スレッドの安全性、共有参照と排他参照、内部可変性などだ。これらは本書のそれ以降の基礎となる。

これらを熟知した経験豊富なRustプログラマには簡単な復習となるだろう。他の言語でこれらの概念を理解しているが、Rustにはあまり慣れていない読者は、本書の残りの部分で必要となるRust固有の知識を手早く補うことができるだろう。

2章　アトミック操作

2章では、Rustのアトミック型とそのすべての操作について学ぶ。単純なロード操作とストア操作から始め、より高度な「比較交換ループ」までを、それぞれに実用的な使用例を示しながら説明する。

アトミック操作には、メモリオーダリングと呼ばれる概念が関係しているが、これはこの次の章に持ち越す。この章ではRelaxedなメモリオーダリングで十分な場合のみ扱う。このような場合は意外に多いものだ。

3章　メモリオーダリング

2章でさまざまなアトミック操作とその使い方を学んだので、この3章では、本書で最も複雑なトピックであるメモリオーダリングを学ぶ。

メモリモデルがどのように機能するかを説明する。先行発生関係とは何か、それをどのように作るか、個々のメモリオーダリングは何を意味するのか、なぜ「Sequentially Consistent」オーダリングが万能な解決策にならないのかを説明する。

4章　スピンロックの実装

3章で理論を学んだので、これ以降の3章でいくつかの一般的な並行プリミティブを再実装する。最初は簡単なスピンロックの実装を行う。

まず「Release/Acquireメモリオーダリング」を実際に使ってみる最小のバージョンから始め、Rustの「安全性」の概念を用いて、使いやすく誤用しにくいRustのデータ型に変換していく。

5章　チャネルの実装

5章では、「ワンショットチャネル」のいくつかのバリエーションをゼロから実装する。ワンショットチャネルは、スレッド間でデータを受け渡すプリミティブの1つだ。

最小限でunsafeなバージョンから始め、いくつかの設計方針に従ってその結果を考慮しつつ、safeなインターフェイスを設計してみる。

6章　Arcの実装

6章では、より難しいメモリオーダリングのパズルに取り組む。アトミックな参照カウントをゼロから実装する。
「weakポインタ」を使うようにし性能を最適化した最後のバージョンは、Rustの標準ライブラリの`std::sync::Arc`とほとんど同じになる。

7章　プロセッサを理解する
7章では、低レイヤの動作について深く掘り下げる。プロセッサレベルで何が起こっているか、アトミック操作は2つの最も一般的なプロセッサでどのような「アセンブリ命令」にコンパイルされるのか、キャッシュとは何か、コードの性能にどのように影響するのか、ハードウェアレベルでのメモリモデルはどのようになっているのかを説明する。

8章　OSプリミティブ
8章では、OS**カーネル**の補助がなければできないことがあることを認識し、Linux、macOS、Windowsのそれぞれで利用できる機構を学ぶ。
POSIXシステムの**pthread**で利用できる並行性プリミティブを説明し、Windows APIで可能なことを説明し、さらにLinuxの**futexシステムコール**について学ぶ。

9章　ロックの実装
前章で学んだことを使って、9章ではいくつかのMutex、条件変数、リーダ・ライタ・ロックをゼロから実装する。
それぞれについて、完全に動作するが最小限のバージョンから始め、さまざまな方法で最適化を試みる。簡単なベンチマークテストをいくつか用いて、最適化しようとしても性能向上に繋がるとは限らないことを見ていく。さらに設計のトレードオフについても説明する。

10章　アイディアとインスピレーション
最後の章は、本書を読み終えた後で何をしたらいいかわからなくならないように本書で学んだ知識と技術を用いて構築できるいくつかのアイディアとインスピレーションを示し、さらに低レイヤの並列性への旅へと踏み出すためのヒントを与える。

コード例

本書に示したコードはすべて、2022年12月15日にリリースされたRust 1.66.0でテストした。これ以前のバージョンでは、本書で使っている機能が使えない場合がある。これ以降のバージョンであれば問題なく動作するはずだ。

コード量を抑えるために、標準ライブラリから最初に利用する場合を除いてuse文を省いてある。以下のプレリュードを使えば、必要なものをすべてインポートできるので、本書のすべてのコード例をコンパイルできる。

```
#[allow(unused)]
use std::{
    cell::{Cell, RefCell, UnsafeCell},
    collections::VecDeque,
    marker::PhantomData,
```

```
        mem::{ManuallyDrop, MaybeUninit},
        ops::{Deref, DerefMut},
        ptr::NonNull,
        rc::Rc,
        sync::{*, atomic::{*, Ordering::*}},
        thread::{self, Thread},
    };
```

サンプルコード全体など、本書に付随するファイルはhttps://marabos.nl/atomics/で利用できる。

本書のサンプルコードは、どんな目的に使用しても構わない。

出典を明記することはありがたいが、必須ではない。出典を示す際は、通常、題名、著者、出版社、ISBNを記述してほしい。例えば、『*Rust Atomics and Locks*』（Mara Bos著、O'Reilly、Copyright 2023 Mara Bos、ISBN978-1-098-11944-7）、日本語版『詳解 Rustアトミック操作とロック』（オライリー・ジャパン、ISBN978-4-8144-0051-5）のようになる。

本書の表記法

本書では次の表記法を使う。

ゴシック（サンプル）
: 新しい用語を示す。

等幅（`sample`）
: プログラムリストに使うほか、本文中でも変数、関数、データ型、環境変数、文、キーワードなどのプログラムの要素を表すために使う。

ヒント、提案を表す。

一般的な注釈を表す。

警告や注意を表す。

オライリー学習プラットフォーム

オライリーはフォーチュン100のうち60社以上から信頼されている。オライリー学習プラットフォームには、6万冊以上の書籍と3万時間以上の動画が用意されている。さらに、業界エキスパートによるライブイベント、インタラクティブなシナリオとサンドボックスを使った実践的な学習、公式認定試験対策資料など、多様なコンテンツを提供している。

https://www.oreilly.co.jp/online-learning/

また以下のページでは、オライリー学習プラットフォームに関するよくある質問とその回答を紹介している。

https://www.oreilly.co.jp/online-learning/learning-platform-faq.html

連絡先

本書に関するコメントや質問については下記に送ってほしい。

株式会社オライリー・ジャパン
電子メール japan@oreilly.co.jp

本書には、正誤表、追加情報等が掲載されたWebページが用意されている。

https://oreil.ly/rust-atomics-and-locks（英語）
https://www.oreilly.co.jp/books/9784814400515（日本語）

本書についてのコメントや、技術的な質問については、bookquestions@oreilly.comにメールを送信してほしい。本書の内容を再利用したい場合、その再利用が公正な使用の範囲やこの「まえがき」で許可した範囲を逸脱していると思われる場合には、permissions@oreilly.comに問い合わせてほしい。

O'Reillyのニュースや情報については、当社のWebサイト（https://www.oreilly.com）を参照してほしい。

Twitterでも情報を発信している。

O'Reilly の Twitter
https://twitter.com/oreillymedia

著者の Twitter
https://twitter.com/m_ou_se

謝辞

本書の作成に関わったすべての方に感謝したい。多くの方から、大いに助けになるサポートと有益なフィードバックをいただいた。特にAmanieu d'Antras、Aria Beingessner、Paul McKenney、Carol Nichols、Miguel Raz Guzmán Macedoには、初期のドラフトに対して貴重なフィードバックをいただいたことに感謝する。O'Reillyのすべての人、特に編集者のShira EvansとZan McQuadeの絶え間ない熱意とサポートに感謝する。

目次

1章 Rust並行性の基本

マルチコアプロセッサが当たり前になるずっと前から、オペレーティングシステムは、1つのコンピュータで複数のプログラムを並行に動作させることができていた。これは、複数のプロセスを素早く切り替えて、それぞれを1つずつ少しずつ進めることで実現されている。現在では、事実上すべてのコンピュータ、さらにはスマートフォンや腕時計でさえ、複数のコアが搭載されたプロセッサを持っており、複数のプロセスを本当に並列に実行している。

オペレーティングシステムは、プロセスを可能な限り互いに隔離する。このおかげで、個々のプログラムは他のプログラムが何をしているか全く気にしなくて済む。例えば、あるプロセスは他のプロセスのメモリを通常の方法ではアクセスできないし、オペレーティングシステムのカーネルに許可を得ないと、他のプロセスと通信することもできない。

しかし、プログラムは1つの「プロセス」の内部に複数の「実行スレッド」を生成することができる。1つのプロセス内のスレッドは互いに隔離されない。スレッドはメモリを共有し、そのメモリを通して互いにやり取りすることができる。

本章では、Rustでスレッドを生成する方法やスレッド間でデータを安全に共有する方法など、スレッドに関する基本的な概念をすべて説明する。本章で説明する概念は、本書の残りの部分の基礎となる。

もしRustのこの部分についてはすでに知っているなら、次の章に進んで構わない。しかし、次の章に進む前に、スレッド、内部可変性、SendとSyncについて正しく理解していること、Mutex、条件変数、スレッドパーキングについて知っていることを確認しておこう。

1.1 Rustのスレッド

すべてのプログラムは最初は1つのスレッド、すなわちメインスレッドから始まる。このスレッドが`main`関数を実行し、必要に応じてさらにスレッドを生成する。

Rustでは、標準ライブラリの`std::thread::spawn`関数を使って新しいスレッドを生成する。この関数は引数を1つ取る。新しいスレッドが実行する関数だ。この関数がリターンした時点でそのスレッドは停止する。

例を見てみよう。

```
use std::thread;

fn main() {
    thread::spawn(f);
    thread::spawn(f);

    println!("Hello from the main thread.");
}

fn f() {
    println!("Hello from another thread!");

    let id = thread::current().id();
    println!("This is my thread id: {id:?}");
}
```

ここでは、2つのスレッドを起動している。それぞれスレッドはいずれもfをメイン関数として実行する。この2つのスレッドはメッセージを表示し、さらに**スレッドID**を表示する。メインスレッドもメッセージを表示する。

スレッドID

Rustの標準ライブラリは、すべてのスレッドにユニークな識別子を与える。この識別子はThread::id()を使って取得できる。型はThreadIdだ。ThreadIdを使ってできることはあまりない。コピーして渡したり、等値性をチェックすることくらいだ。この識別子が連続している保証はない。ただ、スレッドごとに異なることだけが保証されている。

このプログラムを何度も実行すると、出力が毎回異なることに気づくだろう。以下に示すのは、私のコンピュータ上でのある1回の実行結果だ。

```
Hello from the main thread.
Hello from another thread!
This is my thread id:
```

驚くべきことに、出力の一部が欠けているようだ。

新しく起動されたスレッドが関数の実行を終了する前に、メインスレッドがmain関数の実行を終了してしまったのだ。

main関数がリターンすると、他のスレッドがまだ実行中であっても、プログラム全体が終了してしまう。

上に示した場合には、新しく起動されたスレッドのうちの1つは、メインスレッドによってプログラムが終了される前に、2つ目のメッセージの途中まで出力する時間があった。

スレッドが終了してからmainがリターンすることを確実にするには、スレッドをjoinして待つようにすればいい。これには、std::thread::spawnが返すJoinHandleを使って以下のように書く。

```
fn main() {
    let t1 = thread::spawn(f);
    let t2 = thread::spawn(f);

    println!("Hello from the main thread.");

    t1.join().unwrap();
    t2.join().unwrap();
}
```

.join()メソッドは、スレッドが実行を終了するまで待ち、std::thread::Resultを返す。スレッドが実行した関数でパニックが生じ、正常に終了できなかった場合には、このResultにパニックメッセージが入る。ここでパニックに対応してもいいが、単純に.unwrap()して、joinしたスレッドがパニックしていたら、こちらもパニックするようにしてもいい。

このバージョンのプログラムでは、出力が途中で途切れることはない。

```
Hello from the main thread.
Hello from another thread!
This is my thread id: ThreadId(3)
Hello from another thread!
This is my thread id: ThreadId(2)
```

実行するたびに変わるのは、メッセージの表示順だけだ。

```
Hello from the main thread.
Hello from another thread!
Hello from another thread!
This is my thread id: ThreadId(2)
This is my thread id: ThreadId(3)
```

出力のロック

printlnマクロは、std::io::Stdout::lock()を用いて、出力が中断されないようにしている。println!()式は、並行して出力中の他のスレッドがあればその終了を待ってから出力を書き出す。こうしないと、下に示すように入り混じった出力になってしまう。

```
Hello fromHello from another thread!
 another This is my threthreadHello fromthread id: ThreadId!
( the main thread.
2)This is my thread
id: ThreadId(3)
```

先ほど示した例では、std::thread::spawnに関数の名前を渡していたが、クロージャを渡す場合の方がはるかに多い。こうすると、値をキャプチャして新しく起動されたスレッドに移動することができる。

```
let numbers = vec![1, 2, 3];

thread::spawn(move || {
    for n in numbers {
        println!("{n}");
    }
}).join().unwrap();
```

ここでは、numbersの所有権が新しく起動されたスレッドに移動している。moveクロージャを使っているからだ。moveキーワードを使わなかった場合、クロージャはnumbersを参照としてキャプチャする。するとコンパイルエラーが出る。新しいスレッドの方が変数よりも長生きする可能性があるからだ。

スレッドはプログラム実行の最後まで生きている可能性があるので、起動された関数は、その引数の方に制約された'staticライフタイムを持つ。つまり、永遠に生き続ける関数だけを受け取ることができる。ローカル変数を参照としてキャプチャするクロージャは、永遠に生き続けることはできない。ローカル変数が存在しなくなったら、その参照は無効になるからだ。

スレッドから返り値を受け取るには、クロージャから値を返せばいい。この返り値は、joinメソッドが返すResultから取り出せる。

```
let numbers = Vec::from_iter(0..=1000);

let t = thread::spawn(move || {
    let len = numbers.len();
    let sum = numbers.into_iter().sum::<usize>();
    sum / len  ❶
});

let average = t.join().unwrap(); ❷

println!("average: {average}");
```

ここで、スレッドのクロージャから返された値（❶）は、joinメソッドを通じてメインスレッドに送られる（❷）。

numberが空だった場合には、スレッドはゼロで割ろうとしてパニックする（❶）。joinはそのパニックメッセージを受け取り、unwrapによってメインスレッドもパニックする（❷）。

Thread Builder

std::thread::spawn関数は、実は便宜上設けられたstd::thread::Builder::new().spawn().unwrap()の省略形だ。

std::thread::Builderを用いると、新しいスレッドを起動する前にさまざまな設定を行うことができる。例えば新しいスレッドのスタックサイズを設定したり、名前を付けたりすることができる。スレッド名は、std::thread::current().name()で取得できるし、パニックのメッセージにも使用され、多くのプラットフォームのモニタリングツールやデバッグツールでも参照できる。

さらにBuilderのspawn関数は、std::io::Resultを返すので、新しいスレッドの起動に失敗した場合の処理を書ける。スレッド起動が失敗するのは、プロセスに割り当てられたメモリなどの資源を使い切ってしまった場合だ。std::thread::spawn関数は、新しいスレッドの起動に失敗した場合には、単にパニックする。

1.2　スコープ付きスレッド

もしあるスレッドが、あるスコープを超えて生き延びることがないと確信できるなら、そのスレッドは、ローカル変数などの永遠に生き続けないものでも参照として借用することができる。

Rustの標準ライブラリには、**スコープ付きスレッド**を起動するstd::thread::scope関数が用意されている。この関数を使うと、この関数に与えたスコープを超えて生き延びることのないスレッドを起動できるので、安全にローカル変数を借用することができる。

例を挙げて説明するのが一番わかりやすいだろう。

```
let numbers = vec![1, 2, 3];

thread::scope(|s| { ❶
    s.spawn(|| { ❷
        println!("length: {}", numbers.len());
    });
    s.spawn(|| { ❷
        for n in &numbers {
            println!("{n}");
        }
    });
}); ❸
```

❶ クロージャを引数としてstd::thread::scope関数を呼び出している。このクロージャはスコープを表す引数sを受け取って、直接実行される。

❷ このsを用いてスレッドを起動する。起動されたスレッドのクロージャは、numbersのようなローカル変数を借用することができる。

❸ スコープが終了すると、それまでにジョインされていないスレッドは自動的にジョインされる。

このパターンは、スコープ内で起動されたスレッドがそのスコープの寿命を超えて生き延びないことを保証する。このため、スコープに対するspawnメソッドは、引数の型が'staticに制約されない。したがって、そのスコープよりも長生きするものであれば、何でも参照できる。この場合のnumbersがそれに当たる。

上の例では、新たに起動された2つのスレッドが並行してnumbersにアクセスしている。これは問題ない。どちらのスレッドも（メインスレッドも）numbersを変更しないからだ。下のように最初のスレッドがnumbersを変更するように書き換えると、コンパイラはnumbersを使うスレッドをもう1つ起動することを許してくれない。

```
let mut numbers = vec![1, 2, 3];

thread::scope(|s| {
    s.spawn(|| {
        numbers.push(1);
    });
    s.spawn(|| {
        numbers.push(2); // Error!
    });
});
```

Rustコンパイラはわかりやすいエラーメッセージを出力するように改良され続けているので、正確なエラーメッセージはRustコンパイラのバージョンによって異なるが、上のコードをコンパイルすると、おおよそ以下のようなエラーメッセージが出力される。

```
error[E0499]: cannot borrow `numbers` as mutable more than once at a time
 --> example.rs:7:13
  |
4 |     s.spawn(|| {
  |             -- first mutable borrow occurs here
5 |         numbers.push(1);
  |         ------- first borrow occurs due to use of `numbers` in closure
  |
7 |     s.spawn(|| {
  |             ^^ second mutable borrow occurs here
8 |         numbers.push(2);
  |         ------- second borrow occurs due to use of `numbers` in closure
```

Leakpocalypse

Rust 1.0がリリースされる前まで、標準ライブラリにはstd::thread::spawnと同様にスレッドを直接起動する、std::thread::scopedという名前の関数があった。この関数を用いると'staticでない変数をキャプチャすることができた。この関数はJoinHandleではなくJoinGuardを返す。このJoinGuardがドロップされるとそのスレッドがジョインされるようになっていた。したがって、JoinGuardの生存期間だけ生きている変数であれば、借用することができた。これは、JoinGuardがドロップされることさえ保証されていれば、安全だと思われた。

しかし、Rust 1.0がリリースされる直前になって、何かが確実にドロップされることを保証することは不可能であることが明らかになってきた。参照カウントされたノードの循環など、ドロップすることなく何かを忘れたりリークさせる方法はたくさんあるのだ。

最終的には、安全なインターフェイスを設計するには、あるオブジェクトがそのライフタイムの終わりに必ずドロップされるという仮定に依存してはならないという結論に至った。これは、「Leakpocalypse」と呼ばれることもある※1。あるオブジェクトがリークすると、他のオブジェクトもリークする可能性がある（例えば、Vecがリークするとその要素もリークする）。しかし、未定義動作になるとは限らない。この結論から、std::thread::scopedは安全ではないと判断され、標準ライブラリから取り除かれた。さらに、忘れる（リークする）ことは常に起こりうることを強調するために、std::mem::forgetが、unsafeからsafeに変更された。

Dropに依存しないように新しく設計し直されたstd::thread::scoped関数が追加されたのは、はるか後のRust 1.63だった※2。

1.3 所有権の共有と参照カウント

これまでに紹介した値の所有権をスレッドに渡す方法は、moveクロージャを用いる方法（「Rustのスレッド」）と、より長生きする親スレッドから値を借用する方法（「スコープ付きスレッド」）だった。2つのスレッドのうち、どちらが長く生きるか保証できない場合には、どちらのスレッドも、そのデータの所有者になることはできない。このような2つのスレッド間でデータを共有する場合、そのデータは2つのスレッドのうち長く生きる方よりも、さらに長く生きる必要がある。

1.3.1 static

特定の1つのスレッドに所有されていないものを作る方法はいくつかある。最も簡単な方法がstaticな値だ。この値はいずれかのスレッドにではなく、プログラム全体に所有される。下の例では、どちらのスレッドもXにアクセスできるが、どちらも所有しているわけではない。

```
static X: [i32; 3] = [1, 2, 3];

thread::spawn(|| dbg!(&X));
thread::spawn(|| dbg!(&X));
```

staticアイテムは、定数初期化式で初期化され、ドロップされることはない。プログラムのメイン関数が実行される前から、常に存在し続けている。常に存在するので、すべてのスレッドから借用できる。

※1　訳注：leakとapocalypseからなる造語。apocalypseは「黙示録」を意味するが、転じて「大災害」を指す。
※2　訳注：Rust 1.63は2022年8月リリース。Rust 1.0は2015年5月リリースなので7年間かかっている。

1.3.2 リーク

所有権を共有するもう1つの方法として、アロケーションをリークする方法がある。Box::leakを使うと、決してドロップしないことを保証しつつ、Boxの所有権を解放することができる。すると、そのBoxは所有者がいないまま永遠に生き続ける。したがって、プログラムが実行されている限りどのスレッドからも借用できる。

```
let x: &'static [i32; 3] = Box::leak(Box::new([1, 2, 3]));

thread::spawn(move || dbg!(x));
thread::spawn(move || dbg!(x));
```

ここではmoveクロージャを使っているので、所有権が移動しているように見えるかもしれないが、xの型をよく見てみると、スレッドに渡しているのはこのデータへの参照だけであることがわかる。

参照はCopyだ。つまり、整数や真偽値と同様に、参照を「移動」しても、元のものは残る。

'staticライフタイムを使っているが、プログラムの開始時点から値が存在しているわけではないことに注意しよう。ここでは、プログラムの終了まで値が存在することを意味している。過去は関係ない。

Boxをリークさせる方法の問題点は、**メモリがリーク**してしまうことだ。メモリ上に作ったものを、ドロップも解放もしないからだ。これは、限られた回数なら問題ないだろうが、繰り返し行うとゆっくりとメモリが枯渇していく。

1.3.3 参照カウント

共有データがドロップされ解放されることを保証するためには、所有権を完全に放棄することはできない。ただし、**所有権を共有**することならできる。所有者の数を管理し、所有者がいなくなったときにだけ値がドロップされるようにする。

Rustの標準ライブラリでは、この機能がstd::rc::Rc型として提供されている。Rcは、reference counted（参照カウント）の略だ。RcはBoxと非常によく似ているが、Boxをcloneすると新しいコピーがメモリ上に作成されるのに対して、Rcをcloneすると値のすぐ隣に保持しているカウンタをインクリメントするだけで、値のコピーは行わない。もとのRcとクローンされたRcは同じメモリ領域を指す。つまり、**所有権を共有**したことになる。

```
use std::rc::Rc;

let a = Rc::new([1, 2, 3]);
let b = a.clone();

assert_eq!(a.as_ptr(), b.as_ptr()); // 同じメモリアドレスを指している！
```

Rcをドロップするとカウンタがデクリメントされる。最後になったRcは、ドロップされた際にカウンタをデクリメントしたらカウンタの値がゼロになるので、自分が最後のRcだということがわかる。そこで、中身のデータをドロップしてメモリを解放する。

しかし、Rcを別スレッドに送ろうとすると次のようなコンパイルエラーが出る。

```
error[E0277]: `Rc` cannot be sent between threads safely
     |
8    |     thread::spawn(move || dbg!(b));
     |                   ^^^^^^^^^^^^^^^
     |
```

Rcはスレッド安全ではないからだ（「スレッド安全」の詳細は**「1.6 スレッド安全性：Sendと Sync」**を参照）複数のスレッドが同じメモリ領域に対してRcを持つと、同時に参照カウンタを変更しようとして、予測できない結果に繋がる可能性がある。

代わりにstd::sync::Arcを使う。Arcは「atomically reference counted（アトミックな参照カウント）」の略だ。ArcとRcはほとんど全く同じだが、参照カウンタの変更が**アトミック**な操作であることを保証している点だけが異なる。これによって、複数スレッドで使っても安全になる（詳しくは**「2章 アトミック操作」**で説明する）。

```
use std::sync::Arc;

let a = Arc::new([1, 2, 3]); ❶
let b = a.clone(); ❷

thread::spawn(move || dbg!(a)); ❸
thread::spawn(move || dbg!(b)); ❸
```

❶ 新しくメモリを確保して、そこに配列を参照カウンタとともに格納する。カウンタの初期値は1。

❷ Arcをクローンすると、参照カウンタがインクリメントされ、同じメモリ領域を指す新しいArcが得られる。

❸ 両方のスレッドがそれぞれArcを持ち、それを通じて共有配列にアクセスできる。Arcがドロップされると、参照カウンタがデクリメントされる。最後のスレッドがArcをドロップすると、カウンタがゼロになり、配列がドロップされてメモリが解放される。

クローンしたものの名前

クローンしたArcに新しく名前を付けていくと、すぐにコードがごちゃごちゃして読みにくくなる。クローンしたArcは別のオブジェクトではあるが、すべてが共有した同じ値を表しているので、別の名前を付けるとわかりにくくなる。

Rustは、同じ名前の変数を再定義することで、変数を隠すことを許しているし、推奨してもいる。同じスコープで行うと元の変数はもう使えなくなる。しかし、新しいスコープを開いて、そこでlet a = a.clone();のようにすれば、そのスコープ内で同じ名前を再利用できるし、そのスコープの外では元の変数を使用できる。

新しいスコープの中で、{}を使ってクロージャをラップすると、クロージャに移動する前に変数をクローンできるので、名前を変える必要がなくなる。

```
let a = Arc::new([1, 2, 3]);

let b = a.clone();

thread::spawn(move || {
    dbg!(b);
});

dbg!(a);
```

Arcのクローンは同じスコープにある。それぞれのスレッドは違う名前で、それぞれのArcのクローンを持つ。

```
let a = Arc::new([1, 2, 3]);

thread::spawn({
    let a = a.clone();
    move || {
        dbg!(a);
    }
});

dbg!(a);
```

Arcのクローンは異なるスコープにある。それぞれのスレッドで、同じ名前を使用できる。

参照カウントポインタ（Rc<T>とArc<T>）は所有権を共有するので、共有参照（&T）に対する制限と同じ制限が課せられる。すなわち、他のコードが同時に値を借用している可能性があるので、保持している値に対して可変アクセスを提供することができない。

例えば、Arc<[i32]>のスライスをソートしようとすると、コンパイラがデータの変更は許されていないと言って、阻止してくれる。

```
error[E0596]: cannot borrow data in an `Arc` as mutable
  |
6 |     a.sort();
  |     ^^^^^^^^
```

1.4 借用とデータ競合

Rustでは、値を借用する方法が2種類ある。

不変借用（Immutable borrowing）

&を付けて借用すると**不変参照**が得られる。このような参照はコピー可能だ。この参照で行われるデータへのアクセスはすべてのコピーで共有される。名前からわかるように、通常この参照を通してデータを**変更**することはできない。同じデータを現在借用している別のコードの実行に影響を与えてしまうかもしれないからだ。

可変借用（Mutable borrowing）

&mutを付けて借用すると**可変参照**が得られる。可変借用は、そのデータの唯一のアクティブな借用であることが保証されている。これによって、データを変更しても、他のコードが現在見ているものを変更することがないことが保証される。

この2つの概念によって、**データ競合**を完全に防ぐことができる。データ競合とは、他のスレッドがアクセスしている最中に、あるスレッドがデータを変更してしまう状況を指す。データ競合は一般に**未定義動作**であり、コンパイラはそのような状況が起こることを考慮する必要はない。コンパイラは、そのような状況が起こることはないと想定する。

この意味を明確にするために、借用規則を使ってコンパイラが有用な想定を行う例を見てみよう。

```
fn f(a: &i32, b: &mut i32) {
    let before = *a;
    *b += 1;
    let after = *a;
    if before != after {
        x(); // 絶対にここに来ない
    }
}
```

ここでは、整数値に対する不変参照を取得し、bが参照している整数値をインクリメントする前後で、整数値を保存している。コンパイラは、借用とデータ競合に関する基本的な規則が守られていると想定することができる。ということはbはaと同じ整数値を参照していることはありえない。実際、aが参照している整数値を借用している間は、プログラムのどこであれ、その整数値を可変借用することはできない。したがって、コンパイラは*aは変更されないと簡単に結論することができ、したがってif文の条件は決して真にならず、xの呼び出しを完全に削除する最適化を行うことができる。

unsafeブロックを使ってコンパイラの安全性チェックの一部を無効にしない限り、コンパイラの想定に反するようなRustプログラムを書くことはできない。

未定義動作

CやC++そしてRustのような言語には、**未定義動作**と呼ばれるものを避けるためのルールがある。例えばRustには、同じオブジェクトへの可変参照は1つしか存在してはならないというルールがある。

Rustでは、これらのルールを破るにはunsafeコードを使うしかない。「unsafe」であることは、コードが間違っているとか、安全に使用できないという意味ではない。コンパイラがコードが安全であることを検証しないという意味だ。コードがルールを破っている場合、そのコードは**不健全**（**unsound**）とされる。

コンパイラは、チェックすることなく、これらのルールが破られていないと想定することが許されている。もし破られていると、**未定義動作**と呼ばれるものになり、これはなんとしてでも避けなければならない。実際には正しくないことを想定することをコンパイラに許してしまうと、コードの別の部分についてもさらに間違った結論を出してしまうことになり、プログラム全体に影響を与える。

具体的な例として、スライスのget_uncheckedメソッドを使うコードを見てみよう。

```
let a = [123, 456, 789];
let b = unsafe { a.get_unchecked(index) };
```

get_uncheckedメソッドは、a[index]と同じようにスライスの要素を返すが、indexが常に範囲内にあると想定することをコンパイラに許す。

つまり、このコードでは、aが長さ3であることから、コンパイラはindexが3より小さいことを想定してよい。この想定が正しいことを保証するのは我々の役割だ。

この想定に反することを行うと、例えばindexを3にして実行すると、何が起こっても不思議はない。aを格納したメモリ領域の直後のバイトを読み込むかもしれないし、プログラムがクラッシュするかもしれないし、プログラムの全く無関係の部分を実行してしまうかもしれない。あらゆる種類の混乱が起こりうる。

おそらく驚くと思うが、未定義動作は「時間を遡る」、つまりunsafeより前のコードで問題を引き起こすことさえある。何が起こりうるか考えるために、上のコードの前にmatch文があったとしよう。

```
match index {
    0 => x(),
    1 => y(),
    _ => z(index),
}

let a = [123, 456, 789];
let b = unsafe { a.get_unchecked(index) };
```

unsafeコードがあるので、コンパイラはindexが0, 1, 2のいずれかであると想定する。さらに論理的帰結として、match文の最後の分岐は2のみにマッチすると結論できる。したがってzはz(2)としてだけ呼び出されることになる。この結論を用いてmatch文を最適化するだけでなく、z自体を最適化することもできる。例えば、使われないコードを捨てることができる。

indexを3としてこのコードを呼び出すと、最適化で削除された部分のコードを実行しようとして、最後の行のunsafeブロックに到達するはるか前に、予測不可能な動作を引き起こす可能性がある。このように、未定義動作はプログラム全体の前方向にも後方向にも、全く予測のつかない形で伝搬する。

unsafe関数を呼び出す際には、そのドキュメントをよく読み、**安全要件（safety requirements）**、すなわち未定義動作を避けるために呼び出し側として遵守しなければならない想定をよく理解しておかなければならない。

1.5 内部可変性

前節で説明した借用ルールはシンプルだが、特にマルチスレッドが関係する場合には非常に制限が厳しい。これらのルールに従っているとスレッド間での通信が非常に強く制限され、ほとんど不可能になってしまう。複数のスレッドからアクセス可能なデータは変更できないからだ。

幸い、逃げ道が用意されている。「内部可変性（interior mutability）」だ。内部可変性を持つデータ型は、借用ルールを少し曲げることができる。特定の条件のもとで、これらの型は「不変」な参照を通じた変更を許す。

「1.3.3 参照カウント」で、内部可変性を持つデータ型の例はすでに登場した。RcもArcも、複数のクローンが同じ参照カウンタを使用しているにもかかわらず、参照カウンタを変更する。

内部可変性を持つ型を考え始めると、参照を「不変」とか「可変」と呼ぶのは混乱を招くし、正確ではなくなる。いずれの参照でも変更できるものがあるからだ。「共有（shared）」と「排他（exclusive）」と呼んだほうがより正確だろう。「共有参照（shared reference）」（&T）はコピーして他の人と共有できる。「排他参照（exclusive reference）」（&mut T）は、そのTに対する唯一の「排他的な借用」であることを保証する。ほとんどの型に対して、共有参照は変更を許さないが、例外もある。本書ではほとんどの場合この例外について扱うので、本書ではこれ以降、より正確な言葉を使うことにする。

内部可変性は共有借用のルールを曲げて、共有されていても変更を許すだけだということを覚えておこう。排他借用については何も変わらない。排他借用は、他にアクティブな借用がないことを保証する。1つ以上のアクティブな排他参照を引き起こすようなunsafeなコードは、内部可変性に関係なく、常に未定義動作になる。

内部可変性を持ついくつかの型を見ていこう。これらの型は未定義動作を起こさずに共有参照を通した変更を許す。

1.5.1 Cell

std::cell::Cell<T>は、Tを単にラップするだけだが、共有参照を通した変更を許す。未定義動作を避けるために、値をコピーして取り出す（TがCopyである場合のみ）ことと、全体を他の値で置き換えることしかできない。さらに、これはシングルスレッドでしか使用できない。

前節で見たものと似た例を見てみよう。i32の代わりにCell<i32>を使っている。

```
use std::cell::Cell;

fn f(a: &Cell<i32>, b: &Cell<i32>) {
    let before = a.get();
    b.set(b.get() + 1);
    let after = a.get();
    if before != after {
        x(); // ここに来るかもしれない
    }
}
```

前回の例とは違い、今回はifの条件が真になる可能性がある。Cell<i32>は内部可変性を持つので、共有参照があるならコンパイラは値が変わらないと想定することができない。aとbが同じ値を参照している可能性があるので、bを通した変更がaに影響する可能性がある。しかし、別のスレッドが同じセルに並行してアクセスすることはないと想定することはできる。

Cellに課せられた制約を回避するのは面倒だ。Cellの内部の値を直接借用することができないので、内部の値を変更したければ、（何かを代わりに置いて）値を取り出し、変更して、書き戻す必要がある。

```
fn f(v: &Cell<Vec<i32>>) {
    let mut v2 = v.take(); // 空のVecでCellの中身を置き換える
    v2.push(1);
    v.set(v2); // 変更したVecを戻す
}
```

1.5.2 RefCell

通常のCellと異なり、std::cell::RefCell<T>は、小さな実行時コストと引き換えに内容の借用を許す。RefCell<T>はTだけでなく、その時点で存在する借用の数を管理するカウンタも保持する。可変借用されている際に不変借用しようとすると（その逆の場合も）、パニックが起きるので未定義動作にはならない。Cellと同様にRefCellもシングルスレッドでしか使用できない。

RefCellの内容を借用するには、borrowまたはborrow_mutを呼ぶ。

```
use std::cell::RefCell;

fn f(v: &RefCell<Vec<i32>>) {
    v.borrow_mut().push(1); // `Vec`を直接変更できる
}
```

CellやRefCellは非常に有用だが、マルチスレッドではあまり役に立たない。並行性に関連する型の話に進もう。

1.5.3 MutexとRwLock

RwLockもしくは「リーダ・ライタ・ロック」はRefCellの並行バージョンだ。RwLock<T>はTとその時点で存在する借用の数を管理する。RefCellと異なり、競合する借用が試みられてもパニックしない。現在のスレッドをブロックして（スリープさせて）、競合する借用が消えるのを待つ。データにアクセスするためには、別のスレッドの用事が終わるのを我慢強く順番に待つのだ。

RWLockの内容を借用することを**ロック**と呼ぶ。ロックすることで、競合する借用を一時的にブロックし、データ競合を起こさずに借用できるようになる。

MutexはRwLockと非常によく似ているが、概念的にはより単純だ。RwLockが共有借用と排他借用を区別して別々に管理するのに対して、Mutexは排他借用しか許さない。

これらの型については**「1.7 ロック：MutexとRwLock」**で詳しく説明する。

1.5.4 アトミック型

アトミック型は、Cellの並行バージョンで、**「2章 アトミック操作」**と**「3章 メモリオーダリング」**のメイントピックとなる。Cellと同様に、内容を直接借用させず、値をまるごとコピーすることで未定義動作を避ける。

ただし、Cellとは異なり、任意のサイズにはできない。このため、任意の型Tに対する汎用のAtomic<T>型のようなものはなく、AtomicU32やAtomicPtr<T>のような特定の型しかない。どのような型が利用可能かはプラットフォームに依存する。データ競合を避けるためにプロセッサのサポートが必要だからだ（これについては**「7章 プロセッサを理解する」**で詳しく説明する）。

サイズに厳しい制限があるため、アトミック型には直接スレッド間で共有する情報を含めることができない場合が多い。多くの場合、アトミック型はスレッド間で共有する他の（もっと大きな）データを共有するための道具として使われる。アトミック型を他のデータについて何かを保証するために使い始めると、物事は驚くほど複雑になる。

1.5.5 UnsafeCell

UnsafeCellは内部可変性の基本的な構成要素である。

UnsafeCell<T>はTをラップするが、未定義動作を避けるための条件や制限は何もない。get()メソッドは、ラップする値への生のポインタを返すだけだ。このポインタはunsafeブロック内でのみ意味を持つ形で使用できる。未定義動作を起こさないように使用するのはユーザの責任だ。

多くの場合、UnsafeCellは直接使われることはなく、CellやMutexなどの別の型の内部で使われる。これらの型は、制限されたインターフェイスを定義することで安全性を保つ。内部可変性を持つすべての型（上記で説明したすべての型を含む）は、UnsafeCellを用いて構築されている。

1.6 スレッド安全性：SendとSync

本章にはいくつかの「スレッド安全」でない型が登場した。これらの型はシングルスレッドでしか使えない。例えばRcやCellなどだ。未定義動作を避けるためには制約が必要なので、unsafeブロックを使わずにこれらの型を利用できるようするには、コンパイラが理解してチェックできるようにしなければならない。

Rustでは、2つの特別なトレイトを用いて、スレッド間で安全に使える型を管理する。

Send

ある型がSendであれば、安全に別のスレッドに送ることができる。つまり、この型の値の所有権を別のスレッドに移動できる。例えば、Arc<i32>はSendだがRc<i32>はSendではない。

Sync

ある型がSyncであれば、別のスレッドと共有できる。つまり、ある型の値への共有参照&TがSendである場合、その場合に限って、その型TはSyncである。例えば、i32はSyncだがCell<i32>はSyncではない（ただしCell<i32>はSendではある）。

i32、bool、strなどすべてのプリミティブ型はSendかつSyncである。

これらのトレイトは**自動トレイト（auto trait）**である。つまりこれらのトレイトは、その型のフィールドに基づいて自動的に実装される。すべてのフィールドがSendかつSyncの構造体は、自動的にSendかつSyncとなる。

これらのトレイトが自動的に実装されるのを防ぐためには、これらのトレイトを実装していないフィールドを持たせればいい。そのためには、特別なstd::marker::PhantomData<T>型を使うと便利だ。この型はコンパイラにはTとして扱われるが、実際には実行時には存在しない。サイズ0の型で、メモリを消費しない。

下の構造体を見てみよう。

```
use std::marker::PhantomData;

struct X {
    handle: i32,
    _not_sync: PhantomData<Cell<()>>,
}
```

この構造体Xにhandleしかフィールドがなければ、XはSendかつSyncとなる。しかし、ここではサイズ0のPhantomData<Cell<()>>フィールドを追加されている。このフィールドはCell<()>として扱われる。Cell<()>はSyncではないので、XもSyncではなくなる。ただしこの構造体はSendではある。すべてのフィールドがSendを実装しているからだ。

生のポインタ（*const Tや*mut T）はSendでもSyncでもない。コンパイラには、これらが何を指しているかはわからないからだ。

明示的にSendとSyncを実装する方法は、他のトレイトの場合と同じだ。implブロックを使って、その型にトレイトを実装すればいい。

```
struct X {
    p: *mut i32,
}

unsafe impl Send for X {}
unsafe impl Sync for X {}
```

ここでunsafeキーワードが使われていることに注意しよう。これが正しいのかコンパイラがチェックできないからだ。これはコンパイラとの約束で、コンパイラには信用してもらうしかない。

Sendでないものを別のスレッドに移動しようとすると、コンパイラは丁重に制止してくれる。簡単な例を示そう。

```
fn main() {
    let a = Rc::new(123);
    thread::spawn(move || { // Error!
        dbg!(a);
    });
}
```

ここでは、Rc<i32>を新しいスレッドに送ろうとしているが、Rc<i32>はArc<i32>と違ってSendを実装していない。

上の例をコンパイルすると、次のようなエラーが出る。

```
error[E0277]: `Rc<i32>` cannot be sent between threads safely
   --> src/main.rs:3:5
    |
3   |     thread::spawn(move || {
    |     ^^^^^^^^^^^^^ `Rc<i32>` cannot be sent between threads safely
    |
    = help: within `[closure]`, the trait `Send` is not implemented for `Rc<i32>`
note: required because it's used within this closure
   --> src/main.rs:3:19
    |
3   |     thread::spawn(move || {
    |                   ^^^^^^^
note: required by a bound in `spawn`
```

thread::spawn関数は引数がSendであることを要求する。クロージャがSendとなるのはすべてのキャプチャした値がSendである場合に限られる。Sendでないものをキャプチャしようとすると、コンパイラがその過ちを見つけて、未定義動作の発生を未然に防いでくれる。

1.7 ロック：MutexとRwLock

（可変の）データをスレッド間で共有するために最もよく使われるツールは**Mutex**だ。Mutexという言葉は「mutual exclusion（相互排他）」の略語だ。Mutexの役割は、同時にアクセスしようとする別のスレッドを一時的にブロックすることで、対象データへのアクセスを排他的にすることだ。

概念的にはMutexには2つの状態しかない。ロックされている状態とロックされていない状態だ。あるスレッドが、ロックされていないMutexをロックしようとすると、そのMutexはロックされた状態になり、そのスレッドはそのまま実行を継続できる。あるスレッドが、すでにロックされているMutexをロックしようとすると、その操作は**ブロック**する。そのスレッドはそのMutexが「ロックされていない状態」になるまでスリープする。アンロック操作は、ロックされているMutexに対してのみ可能で、ロックしたスレッドによって行わなければならない。アンロックした際に、他のスレッドがそのMutexをロックするためにスリープして待機していたなら、それらのスレッドのうちの1つが起こされ、そのMutexのロックを試みて実行を継続する。

Mutexによるデータ保護は、すべてのスレッドがそのMutexをロックしている間だけしか保護対象データにアクセスしないことを約束することで実現される。こうすることで、2つのスレッドが同時にそのデータにアクセスしてデータ競合を起こすことはなくなる。

1.7.1 RustのMutex

Rustの標準ライブラリはstd::sync::Mutex<T>という型でこの機能を提供する。この型は、型T

に対してジェネリックとなっているが、ここでTはMutexで保護されるデータの型だ。Tをmutex型の一部とすることで、データはMutexを通じてしかアクセスできなくなり、すべてのスレッドが合意事項を遵守することを保証する安全なインターフェイスを提供できる。

ロックされたmutexを、ロックしたスレッドしかアンロックできないことを保証するため、mutexにはunlock()メソッドがない。lock()メソッドは特殊な型MutexGuardを返す。このガードは、そのmutexをロックしたことの証明となる。この型はDerefMutトレイトを通じて排他参照のように振る舞い、mutexが保護するデータへの排他アクセスを提供する。mutexのアンロックはこのガードをドロップすることで行われる。このガードをドロップすると、データへのアクセス権を手放すことになる。mutexのアンロックは、ガードのDrop実装で行われる。

Mutexの使い方を実例で見てみよう。

```
use std::sync::Mutex;

fn main() {
    let n = Mutex::new(0);
    thread::scope(|s| {
        for _ in 0..10 {
            s.spawn(|| {
                let mut guard = n.lock().unwrap();
                for _ in 0..100 {
                    *guard += 1;
                }
            });
        }
    });
    assert_eq!(n.into_inner().unwrap(), 1000);
}
```

この例では、整数値を保護するMutexMutex<i32>を作成し、その整数を100回ずつインクリメントする10個のスレッドを起動している。個々のスレッドはまずMutexをロックして、MutexGuardを取得し、このguardを用いて整数にアクセスして値を変更する。guard変数は、この直後にスコープを抜ける際に暗黙裡にドロップされる。

スレッドの実行が終わったら、into_inner()を使って安全に整数から保護を取り除くことができる。into_inner()メソッドはMutexの所有権を取得するので、他の誰もこのMutexの参照を持つことができないことが保証される。したがって、ロックする必要はない。

インクリメントは1つずつ行われているが、この整数値を観測しているスレッドからは、100の倍数しか見えない。観測スレッドはmutexがアンロックされたときにしかこの整数値を見ることができないからだ。Mutexのおかげで、100回のインクリメントを、事実上1つの不可分の、つまりアトミックな操作として扱うことができる。

Mutexの効果を明らかにするために、各スレッドがMutexをアンロックする前に1秒待つようにしてみよう。

```
use std::time::Duration;

fn main() {
    let n = Mutex::new(0);
    thread::scope(|s| {
        for _ in 0..10 {
            s.spawn(|| {
                let mut guard = n.lock().unwrap();
                for _ in 0..100 {
                    *guard += 1;
                }
                thread::sleep(Duration::from_secs(1)); // New!
            });
        }
    });
    assert_eq!(n.into_inner().unwrap(), 1000);
}
```

このプログラムを実行してみると、今度はおよそ10秒かかることがわかるはずだ。個々のスレッドは1秒しか待たないのだが、Mutexによって、1度に1つのスレッドだけが待つことが保証されているのだ。

1秒スリープするよりも前にガードをドロップしてMutexをアンロックすると、スリープが並列に行われるようになる。

```
fn main() {
    let n = Mutex::new(0);
    thread::scope(|s| {
        for _ in 0..10 {
            s.spawn(|| {
                let mut guard = n.lock().unwrap();
                for _ in 0..100 {
                    *guard += 1;
                }
                drop(guard); // スリープするよりも先にガードをドロップする！
                thread::sleep(Duration::from_secs(1));
            });
        }
    });
    assert_eq!(n.into_inner().unwrap(), 1000);
}
```

このように変更するとこのプログラムはおよそ1秒しかかからなくなる。10個のスレッドが同時に1秒スリープするようになるからだ。この例は、Mutexをロックしている時間を可能な限り短くすることの重要性を示している。Mutexを必要以上に長くロックしてしまうと、並列性の利点が完全に失われ、すべてが直列的に行われることになってしまう。

1.7.2 毒されたロック

上の例のunwrap()呼び出しは、「毒されたロック（lock poisoning）」に関係している。

RustのMutexは、そのロックを保持しているスレッドがパニックすると「毒された（poisoned）」状態になる。こうなると、Mutexはロックされた状態ではなくなるが、この状態のMutexに対してlockメソッドを呼び出すと、毒された状態にあることを示すErrが返される。

これは、Mutexによって保護されているデータが一貫性のない状態になることを防ぐための仕組みである。上の例では、スレッドが100回インクリメントする前にパニックすると、整数値が100の倍数でない状態のままMutexがアンロックされてしまう。これは予期されていない状態で、他のスレッドの想定に反する可能性がある。自動的にMutexを毒された状態にすることで、ユーザがこのような場合に対応するように強制している。

毒されたロックに対してlock()を呼び出すと、ロックされた状態になる。lock()が返すErrにはMutexGuardが含まれているので、必要なら不整合な状態を回収することができる。

「毒されたロック」は強力な機能のように思えるかもしれないが、実際には潜在的に不整合な状態からの復旧はあまり行われていない。ほとんどのコードは毒されたロックを無視するか、unwrap()を使ってロックが毒されていたらパニックするようにしている。これにより、そのMutexを使うすべてのスレッドにパニックが伝搬する。

MutexGuardの生存期間

暗黙にガードをドロップするとMutexがアンロックされる機構は便利だが、少し驚くような結果になることがある。上の例のようにlet文でガードに名前を与えれば、ドロップされるタイミングは比較的簡単にわかる。ローカル変数は定義されたスコープの終わりでドロップされるからだ。とはいえ、明示的にガードをドロップしないと、上の例で見たように、余分な時間ロックしたままになる場合がある。

ガードに「名前を与えないで」使用することも可能で、これが便利な場合もある。MutexGuardは保護対象のデータへの排他参照のように振る舞うので、ガードに名前を与えずに直接使用することもできるのだ。例として、Mutex<Vec<i32>>を考えてみよう。このMutexをロックし、Vecに要素を追加し、Mutexをアンロックするコードを1文で書くことができる。

```
list.lock().unwrap().push(1);
```

この場合のlock()が返すガードなどの、長い式の中で生成された一時変数はすべて、文の終わりでドロップされる。明白だし当然のように思えるかもしれないが、match、if let、while let文を使うとよくある落とし穴にはまる。例を示そう。

```
if let Some(item) = list.lock().unwrap().pop() {
    process_item(item);
}
```

このコードの意図が、listをロックし、要素をpopして、listをアンロックし、listがアンロックされた後で、要素を処理したいのだとすれば、ここでわかりにくいが重要な間違いをおかしている。一時変数のガードは、if let文の終わりまでドロップされない。つまり要素を処理する間、不必要にロックを保持していることになる。

驚くべきことに、よく似たif文ではこのようなことは起こらない。

```
if list.lock().unwrap().pop() == Some(1) {
    do_something();
}
```

この場合には、一時変数のガードはif文の本体が実行される前にドロップされる。これは、通常のif文の条件は常にただの真偽値であり、そこから何も借用できないからだ。条件部の一時変数の生存期間を、文全体の最後まで延長する意味はない。しかし、if let文の場合はそうではない。例えばpop()の代わりにfront()を使った場合などには、itemはlistから借用したものになるので、ガードを保持しておく必要がある。pop()の場合にはガードを保持しておく必要はないのだが、借用チェッカは、チェックするだけでドロップされるタイミングや順番には影響しないので、同じように動作してしまう。

これを避けるには、popを別のlet文に移せばいい。こうすればガードは、その文の終わりに、つまりif letの前にドロップされる。

```
 let item = list.lock().unwrap().pop();
 if let Some(item) = item {
     process_item(item);
}
```

1.7.3 リーダ・ライタ・ロック

Mutexでは、排他的なアクセスしかできない。データを見たいだけなので、共有参照（&T）で十分な場合であっても、MutexGuardは保護されたデータに対する排他参照（&mut T）を提供する。

リーダ・ライタ・ロックは、Mutexをもう少し複雑にしたもので、排他アクセスと共有アクセスの違いを理解し、双方を提供してくれる。このロックには3つの状態がある。ロックされていない状態、1つの（排他アクセスする）**ライタ**にロックされている状態、任意の数の（共有アクセスする）**リーダ**にロックされている状態、の3つだ。このロックは、複数のスレッドから頻繁に読み込まれるが、稀にしか更新されないデータに使用されることが多い。

Rustの標準ライブラリでは、このロックをstd::sync::RwLock<T>型として提供している。これは標準のMutexと同じように機能するが、インターフェイスが2つの部分に分かれている。lock()メソッド1つではなく、それぞれリーダ、ライタとしてロックするためのread()とwrite()という2つのメソッドが用意されている。ガードにも、リーダ用とライタ用の2つの型がある。RwLockReadGuardとRwLockWriteGuardだ。前者はDerefのみを実装しており、保護対象のデータに対する共有参照のように機能する。これに対して後者はDerefMutも実装し、排他参照のように機能する。

このロックは、RefCellのマルチスレッド版だと思えばいい。参照の数を管理することで借用ルールが守られることを保証する。

Mutex<T>もRwLock<T>も、TがSendであることを要求する。Tを別のスレッドに送るかもしれないからだ。RwLock<T>は、さらにTがSyncであることも要求する。このロックは、保護データに対する共有参照（&T）を複数スレッドが持つことを許すからだ（厳密には、これらの要請を満たさないTに対してもロックを作ることはできる。ただし、そのようなロックをスレッド間で共有することはできない。ロック自体がSyncを実装しないようになってしまうからだ）。

Rustの標準ライブラリには、汎用のRwLock型1つしかない。ただし、実装はOSに依存する。リーダ・ライタ・ロックの実装には、微妙に異なるさまざまな変種がある。多くの実装では、リードロックされているロックに対してライタが待っている場合には、新たなリーダをブロックする。これは、「ライタ・スタベーション（writer starvation（飢餓））」という状態を避けるためだ。ライタ・スタベーションは、数多くのリーダが入れ代わり立ち代わりリードロックすることで、リーダ・ライタ・ロックをライトロックできなくなり、ライタがデータを更新できなくなってしまう状態を指す。

他の言語でのMutex

Rust標準のMutexやRwLockは、他の言語、例えばCやC++などでの実装と少し異なる。

最大の相違点は、RustのMutex<T>が保護する対象のデータを**含んでいる**ことだ。例えばC++のstd::mutexは保護するデータを含んでいないし、何を保護しているのかすら知らない。したがって、ある「保護されている」データをアクセスする際に正しいロックを使用するようにするには、どのデータがどの排他制御によって保護されているのかを、ユーザが覚えておかなければならない。他の言語で書かれたMutexを使うコードを読む際や、Rustをあまり知らないプログラマと話す際には、このことを覚えておくといい。Rustプログラマは、「Mutexの中のデータ」とか、「Mutexでラップする」などと言うが、他の言語のMutexしか知らないプログラマにとってはこれらの表現はわかりにくい。

もし、例えば何らかの外部ハードウェアを保護するために、何も保持しない独立したMutexが欲しければ、Mutex<()>を使えばいい。しかし、このような場合であっても、そのハードウェアのインターフェイスとなる何らかの型（サイズはゼロかもしれない）を定義してそれをMutexでラップするようにした方がいい。そうすれば、そのハードウェアに触る前にMutexをロックすることが強制されるからだ。

1.8 待機：パーキングと条件変数

データが複数のスレッドから変更される場合、何らかのイベントや、何らかのデータが真になるような状態に対して待機する必要があるケースがよくある。例えば、あるMutexがVecを保護していて、そのVecが何も保持していない状態になるまで待機するというようなことだ。

Mutexを用いると、アンロックされるまでスレッドが待機するようにはできるが、何らかの条件に対して待機するような機能はない。Mutexしかなければ、ロックを繰り返して、Vecの中にまだ何かが残っているかをチェックするしかない。

1.8.1 スレッドパーキング

他のスレッドからの通知を待機する方法の1つとして**スレッドパーキング（thread parking）**が

ある。それぞれのスレッドは、自分自身を**パーク（park）**させることができる。するとそのスレッドは休止し、CPUサイクルを消費しなくなる。その後、他のスレッドがパークしたスレッドを**アンパーク（unpark）**すると、スリープから目覚める。

スレッドパーキングは、std::thread::park()関数で行う。アンパークは、アンパークしたいスレッドを表すThreadオブジェクトのunpark()メソッドを呼ぶことで行う。Threadオブジェクトはspawnが返すジョインハンドルから取得できる。また、そのスレッド自身からは、std::thread::current()で取得できる。

2つのスレッド間で、Mutexを使ってキューを共有する例を見てみよう。この例では、新しく起動されたスレッドがキューの中身を消費し、メインスレッドが1秒ごとに新しいアイテムをキューに追加する。スレッドパーキングを用いて、キューが空の場合には消費スレッドが待機するようにしている。

```
use std::collections::VecDeque;

fn main() {
    let queue = Mutex::new(VecDeque::new());

    thread::scope(|s| {
        // 消費スレッド
        let t = s.spawn(|| loop {
            let item = queue.lock().unwrap().pop_front();
            if let Some(item) = item {
                dbg!(item);
            } else {
                thread::park();
            }
        });

        // 生成スレッド
        for i in 0.. {
            queue.lock().unwrap().push_back(i);
            t.thread().unpark();
            thread::sleep(Duration::from_secs(1));
        }
    });
}
```

消費スレッドは、無限ループを実行し、その中でキューからアイテムを取り出し、dbgマクロで表示する。キューが空の場合は、park()関数を呼び出して停止し、スリープする。このスレッドがアンパークされると、park()メソッドがリターンしてloopが続行される。再びキューが空になるまでアイテムをポップし、空になったら再度スリープする。

生成スレッドは、毎秒新しい数を作ってキューにプッシュする。アイテムを追加するたびに、消費スレッドを表すThreadオブジェクトのunpark()メソッドを呼び出す。これによって消費スレッドが起こされて新しいアイテムを処理する。

ここで重要なのは、このプログラムからパーキングを削除しても、非効率ではあるが理論的には正しいプログラムのままだということだ。これが重要なのは、park()メソッドは、対応するunpark()によってのみリターンすることを保証しないからだ。稀にではあるが、**偽の待機解除**が起こる可能性がある。上の例ではこのような場合も問題なく扱える。消費スレッドがキューをロックし、空であることを確認したら即座にキューをアンロックして自らパーキングするからだ。

スレッドパーキングにおける重要な性質として、あるスレッドがパーキングする前に他のスレッドがunpark()を呼び出していても問題が起こらない点がある。そのような場合にはunparkが呼び出されたことが記録されている。次に別のスレッドがパーキングしようとすると、このunpark呼び出しの記録が消去されるだけで、パーキングしようとしたスレッドはスリープすることなくそのまま処理を続ける。これが正しく動作するために不可欠であることを確認するために、2つのスレッドの可能な実行順を見てみよう。

1. 消費スレッドは（以下Cと呼ぶ）がキューをロックする。
2. Cがキューからアイテムをポップしようとするが、空なのでNoneが返される。
3. Cがキューをアンロックする。
4. 生成スレッド（以下Pと呼ぶ）がキューをロックする。
5. Pが新しいアイテムをキューにプッシュする。
6. Pがキューを再度アンロックする。
7. Pがunpark()を呼び出して、Cに新しいアイテムがあることを通知する。
8. Cがpark()を呼んで、アイテムが来るまでスリープする。

ステップ3でキューをリリースしてからステップ8でパーキングするまでの時間はほとんどの場合非常に短いはずだが、スレッドがパーキングする前にステップ4から7までが起こる可能性がある。スレッドがパークしていなかった場合にunpark()が何もしないようにしてしまうと、unpark()による通知が失われてしまう。すると、キューにはアイテムがあるのに、消費スレッドは待ち続けることになる。アンパーク・リクエストが、将来のpark()の呼び出しに備えて保存されるおかげで、この問題を回避できる。

ただし、アンパーク・リクエストはどんどん溜まっていくわけではない。unpark()を2回呼び出してからpark()を2回呼び出すと、スレッドはスリープする。最初のpark()はリクエストをクリアしてすぐに戻るが、2回目は通常通りスリープする。

つまり、上の例で行っているようにアイテムを1つ処理するたびにパークせずに、キューが空になったことを確認してからパークするようにしていることが重要なのだ。この例では、1秒という膨大なスリープ時間を取っているためそのようなことは起こり得ないが、複数回unpark()を呼び出しても、park()を呼び出したスレッドを1回しか起こせない可能性があるからだ。

これにより次のようなことが起こる。消費スレッドのpark()がリターンした直後に、消費スレッドがキューをロックして空にするより先に、生成スレッドがキューをロックしてアイテムを追加してunpark()を呼び出してしまうと、このunpark()によって次のpark()呼び出しが即座にリターンしてしまう。つまり、（空の）キューが余分にロックされてアンロックされることになる。これはプログラムの正しさには影響しないが、効率とパフォーマンスには影響する。

パーキング機構は、この例のようにシンプルな場合にはうまく機能するが、状況が複雑になるとすぐに破綻する。例えば、アイテムを読み込む消費スレッドが複数あった場合には、生成スレッドは、どちらの消費スレッドが待機しているのかわからないので、どちらを起こしたらいいかわからない。生成スレッドは、消費スレッドが待機しているタイミングと条件を正確に知る必要がある。

1.8.2 条件変数

Mutexで保護されたデータに何かが起こるのを待機する際には、条件変数（condition variable）を用いることの方が多い。条件変数には、2つの基本的な操作がある。**wait（待機）**と**notify（通知）**だ。スレッドは条件変数に対して待機することができる。他のスレッドが同じ条件変数に対して通知すると、待機していたスレッドが起こされる。複数のスレッドが同じ条件変数に対して待機することができる。通知は待機スレッドの1つに対してだけ行うことも、すべての待機スレッドに対して行うこともできる。

つまり、条件変数を作成して特定のイベントや、例えばキューが空でない、などの条件に対して待機することができる。そのイベントを引き起こすもしくは条件を満たしたスレッドは、その条件変数に対して通知する。この際に、どのスレッドがその通知を受け取るのか、どれくらいの数のスレッドがその通知を受け取るのかを知る必要はない。

Mutexをアンロックしてから条件変数に対して待機するまでの短い間に通知を取りこぼすことがないように、条件変数には**アトミック**にMutexをアンロックして待機を開始する方法が用意されている。つまり、通知を取りこぼす可能性がある瞬間が存在しないということだ。

Rustの標準ライブラリは、条件変数を`std::sync::Condvar`として提供している。この型の`wait`メソッドは、`MutexGuard`を引数とする。これによってMutexをロックしていることが保証される。このメソッドは、まずMutexをアンロックしてスリープする。その後起こされた際には、Mutexを再度ロックして新しい`MutexGuard`を返す（これによってMutexが再度ロックされていることが保証される）。

この型には、2つの通知関数がある。待機スレッドの1つだけを起こす`notify_one`と、すべての待機スレッドを起こす`notify_all`だ。

先ほど示したスレッドパーキングを用いた例を修正して、`Condvar`を使うようにしてみよう。

```
use std::sync::Condvar;

let queue = Mutex::new(VecDeque::new());
let not_empty = Condvar::new();

thread::scope(|s| {
    s.spawn(|| {
        loop {
            let mut q = queue.lock().unwrap();
            let item = loop {
                if let Some(item) = q.pop_front() {
                    break item;
                } else {
                    q = not_empty.wait(q).unwrap();
                }
            };
```

```
                drop(q);
                dbg!(item);
            }
        });

        for i in 0.. {
            queue.lock().unwrap().push_back(i);
            not_empty.notify_one();
            thread::sleep(Duration::from_secs(1));
        }
    });
```

ここでの修正点は以下の通りだ。

- キューを保持するMutexだけでなく、「空でない」条件を通知するためにCondvarを使う。
- 起こすスレッドを管理する必要がなくなるので、spawnの返り値を保持する必要がなくなった。条件変数のnotify_oneメソッドで消費スレッドに通知する。
- アンロック、待機、再ロックは、waitメソッドで行われる。このため、制御フローを少し再構成し、waitメソッドにMutexGuardを渡せるようにした。ただし、以前と同様にアイテムを処理する前に、ガードをドロップしている。

これで、好きなだけ消費スレッドを起動できるようになった。さらに後から追加で起動しても何も変更する必要はない。条件変数が、その条件に関心のあるスレッドに通知を配信してくれるからだ。

複数の異なる条件に関心があるスレッドが複数あるような複雑なシステムでは、個々の条件に対してCondvarを定義する。例えば、キューが空でないことを示す条件変数と、空であることを示す条件変数を定義することもできる。個々のスレッドは、そのスレッドに関連する条件変数を使えばいい。

通常、Condvarは1つのMutexと一緒に使う。2つのスレッドが、異なるMutexを使って同じCondvarに対してwaitを同時に呼び出すと、パニックとなる場合がある。

Condvarの欠点は、Mutexと一緒でないと使えないことだが、ほとんどの場合においてもともとMutexでデータを保護しているだろうから問題にはならない。

thread::park()やCondvar::wait()には、制限時間付きのバリエーションthread::park_timeout()とCondvar::wait_timeout()がある。これらは、引数としてDurationを追加で取る。この引数が、通知を待機するのを諦めて無条件に起きるまでの時間を表す。

1.9 まとめ

- 1つのプログラムの中で、複数のスレッドを並行して実行することができる。スレッドはいつでも生成できる。
- メインスレッドが終了すると、プログラム全体が終了する。
- データ競合は未定義動作であり、(safeコードでは) Rustの型システムによって完全に防止できる。
- `Send`であるデータは他のスレッドに送ることができる。`Sync`であるデータは他のスレッドと共有できる。
- 通常のスレッドはプログラムが終了するまで実行される可能性がある。したがってstaticなデータ (`'static`やリークしたアロケーション) しか借用できない。
- 参照カウント (`Arc`) を用いると、データが少なくとも1つのスレッドによって使用されている限り生存することを保証した所有権の共有を実現できる。
- スコープ付きスレッドを用いると、スレッドの生存期間を制限することができるので、ローカル変数などの`'static`でないデータを借用できる。
- `&T`は**共有**参照で、`&mut T`は**排他**参照である。通常の型は共有参照による変更はできない。
- `UnsafeCell`によって実現される内部可変性を持つ型は、共有参照を通して変更することができる。
- `Cell`や`RefCell`はシングルスレッドの場合の内部可変性を持つ標準型である。アトミック型、`Mutex`、`RwLock`はこれらのマルチスレッド版である。
- `Cell`やアトミック型では、値をまるごと置き換えることしかできないが、`RefCell`や`Mutex`、`RwLock`は動的にアクセスルールを強制することで、値を直接変更することを可能にする。
- スレッドパーキングは、ある条件を待機するのに便利な方法である。
- `Mutex`で保護されるデータに関する条件に対して待機する場合には、`Condvar`を使った方が便利で、スレッドパーキングよりも効率的な場合がある。

2章
アトミック操作

アトミックという言葉は、ギリシャ語で**不可分**を意味する*ἄτομος*から来ていて、それ以上細かく分割できないものを指す。コンピュータサイエンスの世界では、この言葉は不可分な操作を意味する。つまり、完全に完了するか、全く行われないかのどちらかしか起こらない。

「1.4　借用とデータ競合」で説明したように、複数のスレッドが並行して同じ変数を読み込んで更新すると、通常は未定義の動作になる。しかし、アトミック操作を用いれば複数のスレッドが安全に同じ変数を読み込んで更新することができる。アトミック操作は不可分なので、他の操作の前に完全に行われるか、後に完全に行われるかのどちらかだ。これによって、未定義の動作を避けることができる。**「7章　プロセッサを理解する」**でこれがハードウェアレベルでどのように実現されているかを説明する。

アトミック操作は、複数のスレッドを用いて何らかのコードを書く際の基本的な構成要素である。Mutexや条件変数などの、他の並行プリミティブはすべて、アトミック操作を用いて実装されている。

Rustではアトミック操作は、`std::sync::atomic`にある標準のアトミック型のメソッドとして提供されている。これらの型は、`AtomicI32`や`AtomicUsize`のように、すべて`Atomic`で始まる。使用できる型は、ハードウェアアーキテクチャや、場合によってはオペレーティングシステムに依存するが、ほとんどすべてのプラットフォームで、少なくともポインタのサイズまでのアトミック型は利用できる。

ほとんどの型と異なり、アトミック型は共有参照を通して変更することができる（例えば、`&AtomicU8`）。**「1.5　内部可変性」**で説明したように、これが可能なのは内部可変性のおかげだ。

すべての利用可能なアトミック型は同じインターフェイスを持っている。値を保存し取り出すためのメソッドと、アトミックな「読み込み更新（fetch-and-modify）」メソッド、さらに高度な「比較交換（compare-and-exchange）」メソッドだ。これらについては、本章で詳しく説明する。

個々のアトミック操作に深入りする前に、「メモリオーダリング」という概念について触れておこう。

すべてのアトミック操作は、`std::sync::atomic::Ordering`型の引数を取る。この引数は、相対的な操作の順序について何が保証されるかを定める。最も単純なものが、最も保証の少ない`Relaxed`だ。`Relaxed`は、単一のアトミック変数については一貫性を保証するが、他の変数に対する操作との相対的な順序については何も保証しない。

これは、異なる変数に対して行った操作を2つのスレッドが観測した際に、異なる順番で観測されるかもしれないということだ。例えば、あるスレッドがある変数に書き出しを行い、その直後に別の変数に書き出しを行ったとしよう。別のスレッドから見ると、これが逆の順番で起こったように見える場合がある。

本章では、あまり深入りせず、単純にすべての場所でRelaxedを使っても問題にならない場合のみを見ていく。メモリオーダリングの詳細とその他のオーダリングについては、**「3章 メモリオーダリング」**で説明する。

2.1 アトミックロードとストア操作

最初の2つのアトミック操作は、最も基本的なloadとstoreだ。これらの関数のシグネチャは、AtomicI32を例に取ると以下のように定義されている。

```
impl AtomicI32 {
    pub fn load(&self, ordering: Ordering) -> i32;
    pub fn store(&self, value: i32, ordering: Ordering);
}
```

loadメソッドはアトミック変数に保存された値をアトミックに読み込み、storeメソッドは新しい値をアトミックに書き出す。storeメソッドが値を更新するにも関わらず、引数に排他参照(&mut self)ではなく共有参照(&self)を取ることに注意しよう。

これらのメソッドの現実的な使い方を見ていこう。

2.1.1 例：ストップフラグ

最初の例ではAtomicBoolを使って**ストップフラグ**を実装する。ストップフラグは、他のスレッドに停止するように知らせるために使われる。

```
use std::sync::atomic::AtomicBool;
use std::sync::atomic::Ordering::Relaxed;

fn main() {
    static STOP: AtomicBool = AtomicBool::new(false);

    // 何か仕事をするためのスレッドを起動
    let background_thread = thread::spawn(|| {
        while !STOP.load(Relaxed) {
            some_work();
        }
    });

    // メインスレッドを使ってユーザ入力を受け付ける
    for line in std::io::stdin().lines() {
```

```
        match line.unwrap().as_str() {
            "help" => println!("commands: help, stop"),
            "stop" => break,
            cmd => println!("unknown command: {cmd:?}"),
        }
    }

    // バックグラウンドスレッドに停止するように知らせる
    STOP.store(true, Relaxed);

    // バックグラウンドスレッドが終了するまで待つ
    background_thread.join().unwrap();
}
```

この例では、バックグラウンドスレッドがsome_work()を繰り返し実行している間も、メインスレッドはユーザからのコマンド入力を受け付ける。この簡単な例では、有用なコマンドはstopだけで、プログラムを停止させる。

バックグラウンドスレッドを停止するために、アトミックな真偽値変数STOPを使って、この条件をバックグラウンドスレッドに伝える。フォアグラウンドスレッドがstopコマンドを読み込むと、このフラグをtrueにセットする。バックグラウンドスレッドは、新しい繰り返し周期に入る前にこのフラグをチェックする。メインスレッドは、バックグラウンドスレッドが実行中の周期を終えて終了するのをjoinメソッドで待つ。

この簡単な解決方法は、バックグラウンドスレッドが定期的にフラグをチェックする限りはうまく動作する。some_work()が長時間かかるような場合には、stopコマンドを入力してからプログラムが終了するまでが、許容できないほど長くなる可能性がある。

2.1.2　例：進捗レポート

次の例では、バックグラウンドスレッドでアイテム100個を1つずつ処理し、メインスレッドではユーザに対して進捗状況を定期的に表示する。

```
use std::sync::atomic::AtomicUsize;

fn main() {
    let num_done = AtomicUsize::new(0);

    thread::scope(|s| {
        // 1つのバックグラウンドスレッドで100個のアイテムをすべて処理する
        s.spawn(|| {
            for i in 0..100 {
                process_item(i); // この処理にある程度時間がかかることにする
                num_done.store(i + 1, Relaxed);
            }
        });
```

```
            // メインスレッドは、毎秒1回状態を更新する
            loop {
                let n = num_done.load(Relaxed);
                if n == 100 { break; }
                println!("Working.. {n}/100 done");
                thread::sleep(Duration::from_secs(1));
            }
        });

        println!("Done!");
    }
```

今回は、自動的にスレッドのジョインを行ってくれるのでローカル変数の借用が可能な、スコープ付きスレッド（**「1.2 スコープ付きスレッド」**）を用いた。

バックグラウンドスレッドは、1つのアイテムの処理が終わるごとに、処理済みのアイテムの数をAtomicUsizeに格納する。一方、メインスレッドは、およそ1秒に1度ユーザに対してその数を表示して進捗状況を報告する。メインスレッドが、100アイテム処理されたことを検知すると、スコープの外に出るので、暗黙にバックグラウンドスレッドのジョインが行われる。最後にすべての処理が終わったことをユーザに伝える。

2.1.2.1 同期

最後のアイテムが処理されてから、メインスレッドがそれを知るまでに最大で1秒かかる。つまり最後に余分な遅延が発生する。これを解決するには、スレッドパーキング（**「1.8.1 スレッドパーキング」**）を使って、メインスレッドが関心を持つ新しい情報が得られたらスリープから起こすようにすればいい。

次に示すコードでは、上の例と同じことを、thread::sleepではなくthread::park_timeoutを使って行っている。

```
fn main() {
    let num_done = AtomicUsize::new(0);

    let main_thread = thread::current();

    thread::scope(|s| {
        // 1つのバックグラウンドスレッドで100個のアイテムをすべて処理する
        s.spawn(|| {
            for i in 0..100 {
                process_item(i); // この処理に時間がかかると想定。
                num_done.store(i + 1, Relaxed);
                main_thread.unpark(); // メインスレッドを起こす
            }
        });

        // メインスレッドは更新された状態を表示する
        loop {
            let n = num_done.load(Relaxed);
```

```
            if n == 100 { break; }
            println!("Working.. {n}/100 done");
            thread::park_timeout(Duration::from_secs(1));
        }
    });

    println!("Done!");
}
```

それほど大きく変わってはいない。メインスレッドのハンドルをthread::current()で取得している。バックグラウンドスレッドは、状態が更新されたらこのハンドルを用いてメインスレッドをアンパークする。メインスレッドを割り込み可能にするために、sleepではなくpark_timeoutを用いている。

これで、プログラムが動作していることを示すために1秒ごとに最後の更新を出力しつつ、状態が更新されたら即座にユーザに報告されるようになった。

2.1.3 例：遅延初期化

より高度なアトミック操作の説明に入る前の最後の例として、**遅延初期化**について説明しよう。

プログラムの実行中は変化しない、ある値xがあるとしよう。この値はファイルから読むのかもしれないし、OSから取得するのかもしれないし何らかの方法で計算するのかもしれない。xはOSのバージョンかもしれないし、メモリの総量かもしれないし、τ[※1]の400桁目かもしれない。この例では、どんなものでも構わない。

この値は変化しないので、最初に必要になったときに取得するか計算するかして、その結果を覚えておけばいい。最初にこの値を必要としたスレッドは、その値を計算しなければならないが、計算結果をアトミックなstaticに保存しておけば、他のすべてのスレッドが利用できる。そのスレッド自身も再度必要になったらそれを利用できる。

例を見てみよう。簡単にするために、xが0になることはないと仮定し、計算する前の状態を表すプレースホルダとして0を使えるようにする。

```
use std::sync::atomic::AtomicU64;

fn get_x() -> u64 {
    static X: AtomicU64 = AtomicU64::new(0);
    let mut x = X.load(Relaxed);
    if x == 0 {
        x = calculate_x();
        X.store(x, Relaxed);
    }
    x
}
```

get_x()を最初に呼び出したスレッドは、staticであるXがまだ0であるかどうかをチェックし、

※1 訳注：円周率πの2倍に当たる定数。これを用いると、いくつかの公式がより簡潔に記述できるという主張がある。

その値を計算し、後で使うために結果をstaticなXに保存する。その後で行われるget_x()呼び出しではstaticに保存された値が0でないことを確認して、計算をやり直すことなく即座にリターンする。

しかし、1つ目のスレッドがまだxを計算している間に、別のスレッドがget_x()を呼び出すと、2つ目のスレッドもxが0だと思って並列に計算し始めてしまう。後から計算を終えた方が、先に計算を終えた方の結果を上書きしてしまう。これは**競合**と呼ばれる。データ競合ではない。データ競合はRustではunsafeを使わない限り起こり得ない。競合の場合にも、どちらが先に終わるかは予測できない。

xは定数になるので、競合でどちらが勝ってもあまり関係ない。いずれにしろ結果は同じになるからだ。この方法は、calculate_x()の実行にかかる時間によって、非常に良い戦略である場合もあるし、非常に悪い戦略である場合もある。

calculate_x()の実行に長い時間がかかるようなら、最初のスレッドがXを初期化している間、不必要にプロセッサ時間を消費しないために、他のスレッドは待機するようにした方がいい。これを条件変数やスレッドパーキング（**「1.8　待機：パーキングと条件変数」**）を使って実装することもできるが、この小さな例で書くには複雑すぎる。Rustの標準ライブラリは、まさにこの機能をstd::sync::Onceとstd::sync::OnceLockとして提供しているので自分で実装する必要はない。

2.2　読み込み更新操作

これまでに基本的なload操作とstore操作の使い方を紹介したので、もっと面白い**読み込み更新（fetch-and-modify）**操作に移ろう。これらの操作は、アトミック変数を変更するだけでなく、不可分な1つの操作として元のデータの読み込み（fetch）を行う。

最もよく用いられるのは、それぞれ加算と減算を行うfetch_addとfetch_subだ。他には、ビット単位演算を行うfetch_orとfetch_and、それぞれ最大値と最小値をアトミック変数に保持するfetch_maxとfetch_minなどがある。

AtomicI32を例に取ると、これらの関数のシグネチャは以下のようになる。

```
impl AtomicI32 {
    pub fn fetch_add(&self, v: i32, ordering: Ordering) -> i32;
    pub fn fetch_sub(&self, v: i32, ordering: Ordering) -> i32;
    pub fn fetch_or(&self, v: i32, ordering: Ordering) -> i32;
    pub fn fetch_and(&self, v: i32, ordering: Ordering) -> i32;
    pub fn fetch_nand(&self, v: i32, ordering: Ordering) -> i32;
    pub fn fetch_xor(&self, v: i32, ordering: Ordering) -> i32;
    pub fn fetch_max(&self, v: i32, ordering: Ordering) -> i32;
    pub fn fetch_min(&self, v: i32, ordering: Ordering) -> i32;
    pub fn swap(&self, v: i32, ordering: Ordering) -> i32; // "fetch_store"
}
```

この中で唯一の例外的なのは、古い値に関係なく新しい値を単に格納する操作で、fetch_storeではなくswapと呼ばれている。

下の例を見ると、fetch_addで返される値が、操作前の値であることがわかる。

```
use std::sync::atomic::AtomicI32;

let a = AtomicI32::new(100);
let b = a.fetch_add(23, Relaxed);
let c = a.load(Relaxed);

assert_eq!(b, 100);
assert_eq!(c, 123);
```

fetch_add操作は、aの値を100から123に増加させ、古い値100を返す。次にアトミック操作を行うと、123が取り出される。

返り値はいつも利用するとは限らない。アトミック変数の値に操作を適用したいだけで、その値自体には興味がないなら、返り値を無視しても構わない。

ここで重要なのは、fetch_addとfetch_subはオーバフロー時に対して**ラップ（wrap）**することだ。インクリメントの結果、値がその型の最大値よりも大きくなってしまった場合には、ラップアラウンド※2してその型の最小値になる。この挙動は、通常の整数値の加算や減算とは異なる。通常の整数値では、オーバフロー時にはデバッグモードではパニックする。

「2.3 比較交換操作」でアトミックな加算でオーバフローチェックがどのように行われるかを説明する。

その前に、これらのメソッドの実際の使い方を見てみよう。

2.2.1 例：複数スレッドからの進捗レポート

「2.1.2 例：進捗レポート」では、AtomicUsizeを用いてバックグラウンドスレッドの進捗レポートを行った。複数のスレッドに処理を分割する場合、例えば4つのスレッドが25個ずつ処理する場合には、4つすべてのスレッドの進捗を知る必要がある。

4つのスレッドそれぞれにAtomicUsizeを用意し、メインスレッドがそれらをすべて読み込んで加算するように書くこともできるが、すべてのスレッドの進捗を管理するAtomicUsize1つだけを用意する方が簡単だ。

これを実現するにはstoreメソッドは使えない。他のスレッドの進捗を上書きしてしまうかもしれないからだ。ここでは、アイテムを処理するごとに、アトミックな加算操作を用いてカウンタをインクリメントする。

「2.1.2 例：進捗レポート」を書き換えて、4つのスレッドに処理を分割するようにしてみよう。

```
fn main() {
    let num_done = &AtomicUsize::new(0);

    thread::scope(|s| {
        // 4つのバックグラウンドスレッドがそれぞれ25アイテム、計100アイテムを処理する
        for t in 0..4 {
```

※2 訳注：一般に用いられる2の補数を用いて反数を表す符号付き整数型においては、最大値の表現と最小値の表現が隣接している。つまり最大値に1足すと最小値になり、最小値から1減算すると最大値となる。ラップアラウンド（wrap around）とは、計算の結果がこの最大値と最小値の境界を超えて値が大きく変化してしまうことを表す。

```
            s.spawn(move || {
                for i in 0..25 {
                    process_item(t * 25 + i); // この処理に時間がかかると想定
                    num_done.fetch_add(1, Relaxed);
                }
            });
        }

        // メインスレッドは更新された状態を毎秒表示する
        loop {
            let n = num_done.load(Relaxed);
            if n == 100 { break; }
            println!("Working.. {n}/100 done");
            thread::sleep(Duration::from_secs(1));
        }
    });

    println!("Done!");
}
```

何箇所か変更した。最も重要なのは、1ではなく4つのバックグラウンドスレッドを生成していることと、storeの代わりにfetch_addを用いてnum_doneアトミック変数を更新していることだ。

わかりにくい変更点としては、バックグラウンドを起動する際にmoveクロージャを用いるようになっており、さらにnum_doneは参照になっている。これはfetch_addを使うこととは関係なく、4つのスレッドをループで起動するためだ。このクロージャは、自分がどのスレッドかを知るためにtをキャプチャし、このtを用いて、それぞれ0、25、50、75番目のアイテムから処理を開始する。moveキーワードがないと、クロージャはtを参照でキャプチャしようとする。しかしこれは許されない。tはループの間だけしか存在しないからだ。

moveクロージャとすることで、tを借用としてではなくコピーでキャプチャするようになる。このクロージャはnum_doneもキャプチャするので、こちらは参照に変更した。こちらは同じAtomicUsizeを借用しなければならないからだ。アトミックな型はCopyトレイトを実装していないことに注意しよう。もしnum_doneを1つ以上のスレッドに移動しようとしていたら、エラーが出ていただろう。

クロージャキャプチャの細部を除けば、fetch_addを使うための変更は非常に単純だ。num_doneがどの順番でインクリメントされるかはわからないが、アトミックに加算しているので何も心配する必要はないし、すべてのスレッドが終了した際にはnum_doneは100になっていることに確信が持てる。

2.2.2 例：統計値

アトミック変数を使って他のスレッドが何をしているかを報告する話題を続け、この例を拡張して各アイテムの処理にかかった時間の統計値を収集して報告するようにしてみよう。

num_doneに続けて、アイテムの処理にかかった時間を管理する2つのアトミック変数total_

timeとmax_timeを追加する。これらを使って、平均処理時間と最大処理時間を報告する。

```
fn main() {
    let num_done = &AtomicUsize::new(0);
    let total_time = &AtomicU64::new(0);
    let max_time = &AtomicU64::new(0);

    thread::scope(|s| {
        // 4つのバックグラウンドスレッドがそれぞれ25アイテム、計100アイテムを処理する
        for t in 0..4 {
            s.spawn(move || {
                for i in 0..25 {
                    let start = Instant::now();
                    process_item(t * 25 + i); // この処理に時間がかかると想定
                    let time_taken = start.elapsed().as_micros() as u64;
                    num_done.fetch_add(1, Relaxed);
                    total_time.fetch_add(time_taken, Relaxed);
                    max_time.fetch_max(time_taken, Relaxed);
                }
            });
        }

        // メインスレッドは更新された状態を毎秒表示する
        loop {
            let total_time = Duration::from_micros(total_time.load(Relaxed));
            let max_time = Duration::from_micros(max_time.load(Relaxed));
            let n = num_done.load(Relaxed);
            if n == 100 { break; }
            if n == 0 {
                println!("Working.. nothing done yet.");
            } else {
                println!(
                    "Working.. {n}/100 done, {:?} average, {:?} peak",
                    total_time / n as u32,
                    max_time,
                );
            }
            thread::sleep(Duration::from_secs(1));
        }
    });

    println!("Done!");
}
```

バックグラウンドスレッドは、Instant::now()とInstant::elapsed()を用いてprocess_item()にかかった時間を計測するようになった。アトミックな加算操作でマイクロ秒単位の測定値をtotal_timeに加算し、アトミックな最大値操作で測定値の最大値をmax_timeに記録する。

メインスレッドは、total_timeを処理済みのアイテム数で割って平均処理時間を求め、max_

timeが表す最大処理時間とともに報告する。

これらのアトミック変数は独立して更新されるので、num_doneをインクリメントしたスレッドがtotal_timeを更新する前に、メインスレッドがこれらの値を読み込んでしまい、平均処理時間が過小になる場合がある。さらに、メモリオーダリングがRelaxedなので、別スレッドから見た操作の順序については何も保証されていないため、total_timeが更新されていて、num_doneが更新されていないという状況が一瞬だけ見えてしまい、平均処理時間が過大になることもありうる。

この場合にはこれらは問題にならない。最悪でも、ユーザに対して誤った平均値を稀に報告するだけだからだ。

このような事態を避けたければ、これらの3つの統計値をMutexの中に入れて、Mutexをロックしてから3つの値を更新すればいい。この場合にはアトミック変数を使う必要はない。こうすると、3つのアトミック更新を1つのアトミック操作にまとめたことになるが、Mutexをロックしアンロックするコストと、潜在的にスレッドを一時的にブロックするコストが発生する。

2.2.3 例：IDの発行

次に、fetch_addの返り値を実際に使う必要があるケースを見てみよう。

呼び出すたびに新しいユニークな数値を返す関数allocate_new_id()が必要だとしよう。プログラム内でタスクなどを識別するためには、簡単に格納できスレッド間で受け渡すこともできる何か小さいもの、例えば整数値などを使用したい。この関数で得られた値は、このような識別子として使うことができる。

このような関数は、fetch_addを使えば簡単に実装できる。

```
use std::sync::atomic::AtomicU32;

fn allocate_new_id() -> u32 {
    static NEXT_ID: AtomicU32 = AtomicU32::new(0);
    NEXT_ID.fetch_add(1, Relaxed)
}
```

常に「次に」発行する番号を管理しておき、ロードされるたびにインクリメントする。最初に呼び出すと0が返り、次は1が返り、というようになる。

ここで問題なのは、オーバフロー時にラップアラウンドしてしまうことだ。4,294,967,296回目の呼び出しで、32ビット符号なし整数が溢れてしまい、次に呼び出すとまた0が返ってくる。

これが問題になるかどうかは、使い方による。どのくらいの頻度でこの関数が呼び出されるのか、また、数値がユニークでない場合、最悪どのような問題が起きうるのか。上に示した回数は膨大な数のように見えるかもしれないが、近代的な計算機ではわずか1秒の間にこの関数をこの回数呼び出すことが容易にできてしまう。メモリ安全性が、この番号がユニークであることに依存しているなら、上の実装は受け入れられない。

この問題を解決するには、多く呼ばれすぎたらパニックを起こすようにすればいい。

```
// このバージョンには問題がある
fn allocate_new_id() -> u32 {
    static NEXT_ID: AtomicU32 = AtomicU32::new(0);
    let id = NEXT_ID.fetch_add(1, Relaxed);
    assert!(id < 1000, "too many IDs!");
    id
}
```

この実装では、1000回呼び出すと、assert文でパニックする。しかし、パニックはfetch_addを実行した「後で」起こる。ということはパニックを起こしたときにはNEXT_IDはすでに1001になっているということだ。別のスレッドがこの関数を呼び出すと、パニックする前に1002にインクリメントされる。これを繰り返すと、はるかに長い時間がかかるだろうが、4,294,966,296回のパニック後に同じ問題が発生し、NEXT_IDがオーバフローしてまた0になる。

この問題を解決するには3つの方法が知られている。最初の方法は、パニックせずにプロセス全体を完全に中断する方法だ。std::process::abort関数を実行するとプログラム全体が停止するので、それ以降にこの関数が呼び出される可能性を完全に排除できる。プロセスの停止にはわずかな時間がかかるので、その間に他のスレッドから呼び出される可能性はあるが、プログラムが完全にアボートするまでに10億回呼び出される可能性はほとんどない。

実際、標準ライブラリのArc::cloneはこの方法を採用しており、isize::MAX回クローンすることができたなら、このような動作になる。64ビットの計算機では何百年もかかるだろうが、isizeが32ビットの場合は数秒で実現できてしまう。

オーバフローを回避するもう1つの方法として、パニックする前にfetch_subを使ってカウンタをデクリメントする方法が考えられる。

```
fn allocate_new_id() -> u32 {
    static NEXT_ID: AtomicU32 = AtomicU32::new(0);
    let id = NEXT_ID.fetch_add(1, Relaxed);
    if id >= 1000 {
        NEXT_ID.fetch_sub(1, Relaxed);
        panic!("too many IDs!");
    }
    id
}
```

この場合も、複数のスレッドが同時にこの関数を呼び出すと、わずかな時間だけ1000を超えてしまうことがあるが、それはアクティブなスレッドの数に制限される。10億ものアクティブなスレッドが同時に存在することはないと考えてもよいだろう。さらに、すべてのスレッドがfetch_addとfetch_subの間を同時に実行することは考えられない。

thread::scopeの実装で、実行中のスレッドの数を管理する際には、この方法でオーバフローを処理している。

3つ目の方法は、オーバフローする可能性がある場合には加算そのものを行わないため、唯一の正しい方法と言っていいだろう。ただし、これはこれまでに説明したアトミック操作では実現できず、比較交換操作が必要になる。次のセクションではこの操作について説明する。

2.3 比較交換操作

最も高度で最も柔軟なアトミック操作が比較交換操作だ。この操作は、アトミック変数の値が与えられた値と等しいかどうかをチェックし、等しかった場合にだけその値を新しい値と交換する。これらをすべて1つの操作としてアトミックに行う。この操作は、以前の値を返し、交換が行われたかどうかも教えてくれる。

この操作のシグネチャはこれまでに紹介した他のアトミック操作よりも少し複雑だ。AtomicI32を例に取ると以下のようになる。

```
impl AtomicI32 {
    pub fn compare_exchange(
        &self,
        expected: i32,
        new: i32,
        success_order: Ordering,
        failure_order: Ordering
    ) -> Result<i32, i32>;
}
```

メモリオーダリングのことを一旦無視すると、この操作は次の実装と基本的には同じだが、これを1つの不可分なアトミックな操作として行う。

```
impl AtomicI32 {
    pub fn compare_exchange(&self, expected: i32, new: i32) -> Result<i32, i32> {
        // 実際にはロードと比較と保存を1つのアトミックな操作として行う
        let v = self.load();
        if v == expected {
            // 値が期待したものだったので、置き換えて報告する
            self.store(new);
            Ok(v)
        } else {
            // 値が期待したものではなかったので、そのままにして失敗を報告する
            Err(v)
        }
    }
}
```

この操作を用いると、アトミックな変数から値をロードして任意の計算を行ってから、計算の間にその値が書き換わっていなかった場合にだけ、計算結果をアトミックな変数に保存することができる。変更されていた場合にはループしてリトライするようにすれば、これを使って他のすべてのアトミック操作を実装できる。つまりこの操作が最も汎用だということになる。

compare_exchangeを実際に使う方法を示すために、fetch_addを用いずにAtomicU32を1つ増やしてみよう。

```
fn increment(a: &AtomicU32) {
    let mut current = a.load(Relaxed); ❶
    loop {
        let new = current + 1; ❷
        match a.compare_exchange(current, new, Relaxed, Relaxed) { ❸
            Ok(_) => return, ❹
            Err(v) => current = v, ❺
        }
    }
}
```

❶ まず、現在のaの値をロードする。

❷ 新しくaに保存したい値を計算する。aが他のスレッドによって変更されている可能性は考慮しない。

❸ compare_exchangeを用いてaの更新をする。ただし、以前にロードした値と同じ値である場合にだけ更新する。

❹ aが以前ロードした値と同じ値だった場合には、新しい値に置き換えたので終了。

❺ aが以前ロードした値とは異なる場合には、ロードした後のわずかな時間に、別のスレッドによって変更されたことを意味する。compare_exchangeは変更されたaが保持していた値を返すので、その値を用いて再度更新を試みる。ロードと更新の間の時間は非常に短いのでこのループが何度も繰り返されることは考えにくい。

もし、アトミック変数の値がロードしてからcompare_exchange操作を行うまでの間に、AからBに変わり、またAに戻っていたら、アトミック変数の値が変更されているにも関わらず、操作が成功してしまう。多くの場合、上のincrementの例を含めて、これは問題にならない。ただし、ある種のアトミックなポインタを用いるアルゴリズムでは、これが問題になる。この問題は**ABA問題**とも呼ばれる。

compare_exchangeに加えて、compare_exchange_weakという似たようなメソッドがある。この「weak」が付いたメソッドは、アトミック変数の値が期待していた値と一致していたとしても値を置き換えずにErrを返す場合がある点が異なる。一部のプラットフォームでは、このメソッドはより効率的に実装できるので、比較交換する操作が誤って失敗することの影響が小さい場合には、こちらを使った方がいい。上に示したincrement関数もそのような場合にあたる。**「7章　プロセッサを理解する」**で、なぜ「weak」版の方が効率的に実装できるのか、低レイヤの詳細を説明する。

2.3.1 例：オーバフローのないIDの発行

「2.2.3 例：IDの発行」のallocate_new_id()におけるオーバフロー問題に戻ろう。

NEXT_IDがオーバフローしないように、ある限界値を超えたらインクリメントを止めるために、compare_exchangeを使って、上限付きのアトミックな加算を実装できる。このアイディアを使って、現実には起こりえないような場合であってもオーバフローを正しく扱えるようにallocate_new_idを実装し直してみよう。

```
fn allocate_new_id() -> u32 {
    static NEXT_ID: AtomicU32 = AtomicU32::new(0);
    let mut id = NEXT_ID.load(Relaxed);
    loop {
        assert!(id < 1000, "too many IDs!");
        match NEXT_ID.compare_exchange_weak(id, id + 1, Relaxed, Relaxed) {
            Ok(_) => return id,
            Err(v) => id = v,
        }
    }
}
```

この実装し直したコードでは、NEXT_IDを変更する前にチェックしてパニックするようになっている。これによって、1000以上にインクリメントすることはありえず、オーバフローは起こり得ない。上限値を1000からu32::MAXに上げても、NEXT_IDが上限値を超えてインクリメントされるようなケースを心配する必要はない。

> **fetch_update**
>
> アトミック型には、比較交換するループパターンを実装するための、fetch_updateという便利なメソッドがある。このメソッドは、先ほどの例で行ったように、load操作に続いて、ループを行い、その中で計算してcompare_exchange_weakを実行するのと同じことを行う。
>
> このメソッドを用いると、allocate_new_idを1行で実装できる。
>
> ```
> NEXT_ID.fetch_update(Relaxed, Relaxed,
>     |n| n.checked_add(1)).expect("too many IDs!")
> ```
>
> 詳細は、メソッドのドキュメントを参照してほしい。
>
> 本書では、個々のアトミック操作に焦点を当てるために、あえてfetch_updateメソッドは使用しない。

2.3.2 例：一度だけ行われる遅延初期化

「**2.1.3 例：遅延初期化**」で、定数値を遅延初期化する例を示した。この関数は、最初の呼び出し時に値を遅延初期化し、以降はその値を再利用するものだった。最初の呼び出しの間に複数のスレッドがこの関数を並行に呼び出すと、複数のスレッドが初期化を実行し、計算結果を予測できない順序で上書きする可能性があった。

値が定数である場合や、変わっても構わない場合にはこれでも問題ない。しかし、初期化の値は毎回変わるが、プログラムの1回の実行の範囲では常に同じ値を返すようにしなければならない場合もある。

例えば、プログラムの実行ごとに1度だけランダムに生成した鍵を返すget_key()関数を考えてみよう。これは、このプログラムと通信する際に用いる暗号化鍵などで、プログラムの実行ごとに別の値にならなければならないが、1度の実行の中では常に同じ値である必要がある。

ということは、鍵を生成した後に単純にstoreで書くことはできないということだ。直前に別のスレッドが生成した鍵を上書きしてしまい、2つのスレッドが別の鍵を使うことになってしまうからだ。compare_exchangeを使えば、他のスレッドが鍵を書き出していない場合にだけ鍵を書き出すことができる。他のスレッドがすでに書き出していたら、自分の鍵は捨てて、書き出されていた鍵を使えばいい。

このアイディアを実装したものを下に示す。

```
fn get_key() -> u64 {
    static KEY: AtomicU64 = AtomicU64::new(0);
    let key = KEY.load(Relaxed);
    if key == 0 {
        let new_key = generate_random_key(); ❶
        match KEY.compare_exchange(0, new_key, Relaxed, Relaxed) { ❷
            Ok(_) => new_key, ❸
            Err(k) => k, ❹
        }
    } else {
        key
    }
}
```

❶ KEYが初期化されていなかった場合にだけ新しい鍵を生成する。

❷ KEYを新しく生成した鍵で置き換える。ただし、その値が**まだ**0だった場合のみ、実際に値を置き換える。

❸ 置き換えが成功したら、生成した鍵を返す。それ以降のこのget_key()の呼び出しは、KEYに格納されている新しい鍵を返す。

❹ 他のスレッドとの競合に負けて、KEYがすでに初期化されていた場合は、生成した鍵を捨ててKEYに格納されている鍵を使う。

この場合には、「weak」版ではなくcompare_exchangeを使った方がいい。比較交換をループで行っていないので、操作が偽の失敗に終わった場合に0を返すことになってしまい、望ましくないからだ。

「2.1.3 例：遅延初期化」で説明したように、generate_random_key()が長時間かかるようであれば、初期化している間、他のスレッドをブロックした方がいいかもしれない。使われない鍵を生成するのに時間をかけなくて済むからだ。Rustの標準ライブラリは、std::sync::Onceとstd::sync::OnceLockで、この機能を提供している。

2.4 まとめ

- アトミック操作は不可分である。完全に行われるか、全く行われないかのどちらかだ。
- Rustのアトミック操作は、std::sync::atomicのアトミック型によって行われる。例えばAtomicI32などがある。

- すべてのアトミック型がすべてのプラットフォームで利用できるわけではない。
- アトミック操作の相対的な順番は、複数の変数が関わる場合には複雑になりうる。詳しくは**「3章 メモリオーダリング」**を参照。
- 単純なロードとストアは、停止フラグやステータスの報告など、非常に基本的なスレッド間通信に適している。
- 遅延初期化は、**競合**として行うことができる。これはデータ競合にはならない。
- 読み込み更新操作では少数の基本的なアトミック変更を行うことができる。これは、複数のスレッドが同じアトミック変数を変更するときに特に有用である。
- アトミックな加算や減算は、オーバフロー時にはパニックとならず、ラップアラウンドする。
- 比較交換操作は、最も柔軟で汎用の操作であり、他のどんなアトミック操作でも作ることができる。
- 「weak」な比較交換操作は、わずかにではあるがより効率的である。

3章
メモリオーダリング

「2章　アトミック操作」で、**メモリオーダリング**の概念について簡単に説明した。本章では、このトピックについて解説する。利用可能なメモリオーダリングの選択肢について説明し、最も重要な、それぞれを使うべき場合を詳述する。

3.1　リオーダと最適化

プロセッサやコンパイラは、プログラムを可能な限り速く実行するためにあらゆるトリックを使う。例えば、プログラム中の2つの命令が互いに影響せず、順序を入れ替えたほうが速く実行できるなら、プロセッサはそれらを**アウトオブオーダ**※1で実行するかもしれない。つまり、ある命令がメインメモリから何らかのデータを読み込むために短時間ブロックするなら、プログラムの挙動に影響しない限り、後続する命令のうちいくつかが、その命令よりも先に実行され先に終了するかもしれない。同様にコンパイラも、そうした方がプログラムの実行が早くなると信じる理由があれば、プログラムの一部をリオーダ（並び替え）し書き換えるかもれしれない。ただし、プログラムの挙動に影響しない場合に限られる。

例として次の関数を見てみよう。

```
fn f(a: &mut i32, b: &mut i32) {
    *a += 1;
    *b += 1;
    *a += 1;
}
```

コンパイラはほぼ間違いなく、これらの操作の順番は結果に影響しないことを理解する。これら3つの加算操作の間で、`*a`や`*b`の値に依存するようなことは何も起こらないからだ（オーバフローチェックが無効になっているとする）。したがって、コンパイラは2番目と3番目の操作の順番を入れ替え、さらに最初の2つの操作を1つの加算に統合するかもしれない。

※1　訳注：アウトオブオーダ（out-of-order）とは、命令列を並んだ通りの順番でなく、追い越しを許して実行すること。

```
fn f(a: &mut i32, b: &mut i32) {
    *a += 2;
    *b += 1;
}
```

さらに、最適化されたコンパイル済みのこの関数を実行する際に、プロセッサは2つ目の加算を最初の加算よりも先に実行するかもしれない。これには色々理由が考えられるが、例えば`*b`がキャッシュにあるのに対して`*a`はメインメモリから取得する必要がある場合などだ。

これらの最適化が行われても結果は変わらない。`*a`は2増やされ、`*b`は1増やされる。これらが増やされる順番はプログラムの他の部分からは全く見えない。

特定の入れ替えや最適化がプログラムの挙動に影響しないことを確認するためのロジックは、他のスレッドを考慮していない。上のプログラムの場合は問題ない。参照がユニークなので（`&mut i32`）、他者がこの値にアクセスすることがないことが保証されている。そのため、他のスレッドは無関係だ。これが問題になりうるのは、スレッド間で共有されるデータを変更する場合だけだ。つまり、アトミック変数を使う場合だ。このような場合には、コンパイラやプロセッサに明示的に、我々のアトミック操作に対して行ってよいことと悪いことを伝えなければならない。通常のコンパイラやプロセッサのロジックはスレッド間の相互作用を無視するので、プログラムの結果が変わってしまうような最適化を許す可能性があるからだ。

ここで興味深い問題は、**どのように**伝えるかだ。何が許されて何が許されないかを厳密に書き下そうとすると、並行プログラミングは、非常に冗長でエラーを起こしやすくなり、さらにアーキテクチャ固有になってしまうだろう。

```
let x = a.fetch_add(1,
    Dear compiler and processor,
    Feel free to reorder this with operations on b,
    but if there's another thread concurrently executing f,
    please don't reorder this with operations on c!
    Also, processor, don't forget to flush your store buffer!
    If b is zero, though, it doesn't matter.
    In that case, feel free to do whatever is fastest.
    Thanks~ <3
);
```

> コンパイラさん、プロセッサさん
> この操作を b に対する操作と入れ替えてもいいけど、
> 並行して f を実行しているスレッドがある場合は、
> c に対する操作とは入れ替えないで！
> あと、プロセッサさん、ストアバッファをフラッシュするのを忘れないでね！
> でも、b がゼロの場合は、気にしなくていいよ。
> その場合は、一番速い方法でやってね。
> ありがとー！ <3

Rustでは、少数の選択肢の中から選ぶようになっている。選択肢は`std::sync::atomic::Ordering`列挙型で表され、すべてのアトミック操作がこれらを引数として受け取る。可能な選択肢は非常に制限されているが、ほとんどの場合に適合するように、注意深く選択されている。オーダリングは非常に抽象的で、命令の入れ替えなど、実際のコンパイラやプロセッサの機構を直接反映していない。このおかげで、アーキテクチャに依存せず、将来も有効な並行コードが記述できる。現在および未来のすべてのプロセッサとコンパイラのバージョンの詳細がわからなくても、プログラムを検証することができる。

Rustで使用可能なオーダリングは以下の通りだ。

- Relaxedオーダリング：`Ordering::Relaxed`
- Release/Acquireオーダリング：`Ordering::{Release, Acquire, AcqRel}`
- Sequentially Consistentオーダリング：`Ordering::SeqCst`

C++には、**Consumeオーダリング**と呼ばれるものがあるが、これはRustでは意図的に省かれている。とはいえ、これも興味深いのでここで説明する。

3.2 メモリモデル

個々のメモリオーダリングは、それぞれ厳密に形式的※2に定義されている。これによって、プログラマは何を期待していいかがわかり、コンパイラ制作者は厳密に何を保証したらいいかがわかる。特定のプロセッサアーキテクチャの実装から分離するために、メモリオーダリングは、抽象化された**メモリモデル**により定義される。

Rustのメモリモデルは、ほとんどがC++からコピーしたものだが、既存のどのプロセッサアーキテクチャとも合致しない。メモリモデルは現存するアーキテクチャと将来現れるすべてのアーキテクチャの最大公約数を表現するための厳密なルールのセットであって、コンパイラにはプログラムを解析し、最適化するための有用な想定を置く自由度を与えるものとなっている。

「1.4 借用とデータ競合」ですでにメモリモデルの一部を見た。そこでは、データ競合が未定義動作を引き起こすことを説明した。Rustのメモリモデルは並行したアトミックな書き出しを許容するが、同一変数への並行した非アトミックな書き出しはデータ競合とみなされ、未定義動作となる。

しかし、ほとんどのプロセッサアーキテクチャでは、**「7章 プロセッサを理解する」**で見るように、実際にはアトミックなストアと非アトミックなストアには違いがない。メモリモデルは過度に制約的であるという議論もあるが、厳密なルールによって、コンパイラにとってもプログラマにとっても、プログラムが理解しやすくなるし、将来の発展の余地を残すことにもなる。

3.3 先行発生関係

メモリモデルは、操作が起こる順序を**先行発生関係**（happens-before relationships）で定義する。つまり抽象モデルとしてのメモリモデルは、機械語命令、キャッシュ、バッファ、タイミング、命令のリオーダ、コンパイラの最適化などについては何も言っておらず、あることが別のことよりも先行発生する（先に起こる）ことだけを保証し、それ以外の順番は未定義としているということだ。

基本的な先行発生ルールは、同一スレッド内で起こることはすべて順序通りに起こるということ

※2 訳注：技術用語の「形式的」は「formal」の訳語で、「形ばかりで中身がない」という意味ではなく、「数学的に厳密に定義された」という意味である。

だ。例えば、あるスレッドがf(); g();を実行する場合には、f()はg()よりも先に起こる。

ただし、スレッド間では、先行発生関係は限定的な場合にしか発生しない。スレッドの起動やジョイン、Mutexの解除とロック、Relaxed以外のメモリオーダリングを用いたアトミック操作などの場合のみだ。Relaxedメモリオーダリングは、最も基本的な（そして最も性能の良い）メモリオーダリングであり、スレッド間の先行発生関係を引き起こすことがない。

この意味することを理解するために、次の例を見てみよう。関数aとbは並行して別のスレッドに実行されるとする。

```
static X: AtomicI32 = AtomicI32::new(0);
static Y: AtomicI32 = AtomicI32::new(0);

fn a() {
    X.store(10, Relaxed); ❶
    Y.store(20, Relaxed); ❷
}

fn b() {
    let y = Y.load(Relaxed); ❸
    let x = X.load(Relaxed); ❹
    println!("{x} {y}");
}
```

上に示したように、基本的な先行発生ルールで、同じスレッド内ではすべてが順序通りに起こる。この場合**図3-1**に示すように、❶は❷より先行発生し、❸は❹より先行発生する。Relaxedメモリオーダリングを用いているので、他には先行発生関係はない。

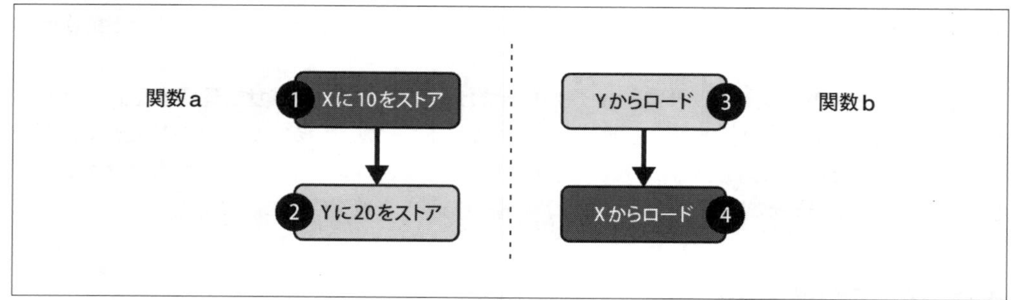

図3-1　上のコード例内のアトミック操作間の先行発生関係

aかbのどちらかがもう一方が開始するよりも先に完了する場合には、出力は0 0か10 20になる。aとbが並行して実行される場合、出力が10 0になることがあるのはすぐわかるだろう。例えば、❸❶❷❹の順に実行が起こればこのような結果になる。

さらに面白いことに、出力は0 20になることがありうる。このような結果になるようなグローバルに一貫した4つの操作の順序は存在しないにも関わらずだ。❸を実行した際には、❷との間に先行発生関係はないので、0か20のどちらかをロードする。❹を実行した際には、❶との間に先行発生関係はないので、0か10のどちらかをロードする。したがって、0 20を出力するのは有効な結果なのだ。

ここで直感に反するが重要なことは、❸が値20をロードしたとしても❷との間に先行発生関係があるわけではないということだ。20という値は❷によって格納された値なのだが、それでも先行発生関係があるわけではない。命令のリオーダが起こるような、一貫した全順序に従って物事が起こるとは限らない場合、直感的な「先に」という概念の理解は成り立たない。

あまり形式的ではないが実際的かつ直感的に説明すると、bを実行しているスレッドからは、❶と❷は逆の順序で起こったように見えるかもしれない、ということになる。

3.3.1 スレッドの起動とジョイン

スレッドを起動すると、spawn()呼び出しの前に行われたことと、新しいスレッドとの間に先行発生関係が生まれる。同様にあるスレッドをジョインすると、ジョインしたスレッドとjoin()呼び出しの後に行われたこととの間に先行発生関係が生まれる。

これを示すために、次の例を考えてみよう。このアサーションは決して失敗しない。

```
static X: AtomicI32 = AtomicI32::new(0);

fn main() {
    X.store(1, Relaxed);
    let t = thread::spawn(f);
    X.store(2, Relaxed);
    t.join().unwrap();
    X.store(3, Relaxed);
}

fn f() {
    let x = X.load(Relaxed);
    assert!(x == 1 || x == 2);
}
```

スレッド起動とジョインによって作られる先行発生関係によって、Xからの読み込みは、Xへの最初のストアの後で、最後のストアより前に行われることが保証される。これを**図3-2**に示す。ただし、観測が2度目のストアの前になるか後になるかは予測できない。つまり、読み込まれる値は1か2であって、0や3ではない。

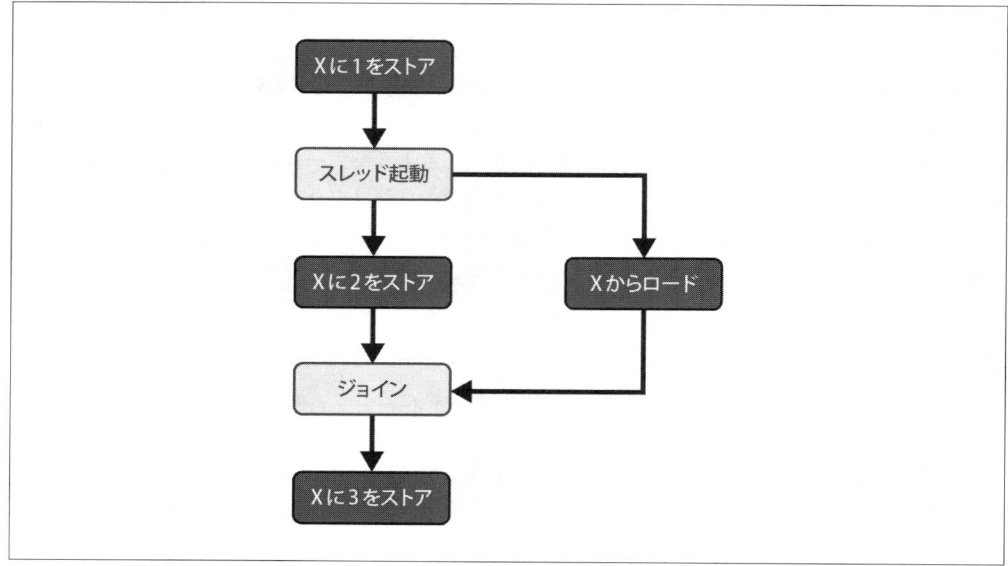

図3-2 上のコード例でのスレッド起動、ジョイン、ストア、ロード間の先行発生関係

3.4 Relaxedオーダリング

Relaxedメモリオーダリングを用いたアトミック操作は、先行発生関係を作らないが、個々のアトミック変数に対する「全変更順序（total modification order）」を保証する。つまり、**1つのアトミック変数に対する**すべての変更は、すべてのスレッドから見て同じ順序で行われる。

この意味を示すために次の例を考えてみよう。関数aとbは別スレッドで並行して実行される。

```
static X: AtomicI32 = AtomicI32::new(0);

fn a() {
    X.fetch_add(5, Relaxed);
    X.fetch_add(10, Relaxed);
}

fn b() {
    let a = X.load(Relaxed);
    let b = X.load(Relaxed);
    let c = X.load(Relaxed);
    let d = X.load(Relaxed);
    println!("{a} {b} {c} {d}");
}
```

この例では、Xを変更するのは1つのスレッドだけである。このため、起こりうるXの変更の順番は0→5→15であることは容易にわかる。0から始まり5になってから15になる。他のスレッドは、この順番に矛盾するXの値を観測することはできない。したがって、他のスレッドが0 0 0 0や0 0 5 15や0 15 15 15を出力することはありうるが、0 5 0 15や0 0 10 15を出力することはない。

1つのアトミック変数の更新順序は複数あるかもしれないが、すべてのスレッドが1つの順番に合意することになる。

関数aを2つの関数a1とa2に分けて、それぞれ別のスレッドが実行すると考えてみよう。

```
fn a1() {
    X.fetch_add(5, Relaxed);
}

fn a2() {
    X.fetch_add(10, Relaxed);
}
```

Xを変更するのがこれらのスレッドだけだとすると、変更順序は、どちらのfetch_add操作が先に実行されるかによって、0→5→15もしくは0→10→15のどちらかになる。どちらになったにせよ、すべてのスレッドが同じ順番を観測する。したがって、b()関数を実行するスレッドを何百と追加しても、それらのスレッドのうちのいずれかが10を出力したなら、順序は0→10→15であり、5を出力するスレッドはないことになる。逆も同じだ。

「2章 アトミック操作」ではこの、1つの変数に対する全変更順序の保証だけで十分な用例をいくつか紹介した。これらの例では、したがってRelaxedメモリオーダリングで十分だったのだ。しかし、これらの例よりも複雑なことをしようとすると、Relaxedメモリオーダリングよりも強いオーダリングがすぐに必要になる。

真空から取り出した値

Relaxedメモリオーダリングで順序が保証されないことによって、循環依存する操作があると理論的にややこしいことになる場合がある。

説明のために作った例を見てみよう。2つのスレッドが1つのアトミック変数から読み込んで別のアトミック変数に書き出す。

```
static X: AtomicI32 = AtomicI32::new(0);
static Y: AtomicI32 = AtomicI32::new(0);

fn main() {
    let a = thread::spawn(|| {
        let x = X.load(Relaxed);
        Y.store(x, Relaxed);
    });
    let b = thread::spawn(|| {
        let y = Y.load(Relaxed);
        X.store(y, Relaxed);
    });
    a.join().unwrap();
```

```
        b.join().unwrap();
        assert_eq!(X.load(Relaxed), 0); // 失敗する可能性がある?
        assert_eq!(Y.load(Relaxed), 0); // 失敗する可能性がある?
    }
```

XとYが0以外になることはないと結論することは簡単のように思える。ストア操作はアトミック変数から読み込んだ値を書き出すだけで、読み込む値は常に0のはずだからだ。

しかし、理論的なメモリモデルに厳密に従うと、循環的な推論を行うことになり、我々は間違っているのかもしれない、という恐ろしい結論に至る。実際、メモリモデルは、XとYの両方が最終的に37になるような結果を許しており、上のコードのアサーションが失敗する可能性がある。実は、どのような値も可能なのだ。

順序が保証されていないので、これらのスレッドのロード操作は、**双方**とも他のスレッドのストア操作の結果を観測することがありうる。つまり操作の順番が循環してしまうのだ。Yに37を書き出すのは、Xから37を読み込んだからだ。Xに37を書き出したのは、Yから37を読み込んだからだ。Yに37があったのは、我々がYに37を書き出したからだ。

幸い、このような「真空から取り出したような」値(out-of-thin-air values)は、一般に理論モデルのバグと考えられており、実際には考慮する必要はない問題だと言われている。このような例外ケースを許さないように、Relaxedなメモリモデルを形式化する理論的な問題は未解決だ。この形式検証の見苦しい点は理論家たちを夜遅くまで悩ませているが、実際にはこのようなことは起こらないので、我々は知らぬが仏でリラックスしていればいい。

3.5 Release/Acquireオーダリング

Release / Acquireメモリオーダリングは、対で使用され、スレッド間の先行発生関係を形成する。Releaseメモリオーダリングはストア操作に適用され、Acquireメモリオーダリングはロード操作に適用される。

「先行発生関係」は、Acquireロード操作が、Releaseストア操作の結果を観測したときに形成される。この場合、ストアとそれに先行するすべてが、ロードとそれに続くすべてよりも先行発生することになる。

Acquireを、読み込み更新操作や比較交換操作に対して使用する場合、値をロードする部分にのみ適用される。同様にReleaseは、操作のストア部分にのみ適用される。AcqRelは、AcquireとReleaseを組み合わせたもので、ロード部分についてはAcquireオーダリングとなり、ストア部分についてはReleaseオーダリングとなる。

実際の使い方の例を見てみよう。下の例では、64ビット整数を新たに起動したスレッドからメインスレッドに送っている。別のアトミックな真偽値を使って、整数値が格納されたので読んでもよいことをメインスレッドに知らせている。

```
use std::sync::atomic::Ordering::{Acquire, Release};

static DATA: AtomicU64 = AtomicU64::new(0);
static READY: AtomicBool = AtomicBool::new(false);

fn main() {
    thread::spawn(|| {
        DATA.store(123, Relaxed);
        READY.store(true, Release); // このストアよりも前に起こったことはすべて ..
    });
    while !READY.load(Acquire) { // .. このロードが `true` を読み込んだ後は、観測できる
        thread::sleep(Duration::from_millis(100));
        println!("waiting...");
    }
    println!("{}", DATA.load(Relaxed));
}
```

起動されたスレッドがデータをストアしたら、Releaseストアを用いてREADYフラグをtrueにしている。これをメインスレッドがAcquireロード操作を通じて観測すると、これら2つの操作の間に先行発生関係が成立する。この様子を**図3-3**に示す。この時点で、READYへのReleaseストアより先に起きたことがすべて、Acquireロードより後には観測できることを確信できる。特に、メインスレッドがDATAをロードした際には、バックグラウンドスレッドがストアした値がロードされることがわかる。したがって、このプログラムの最後の行で行われる出力としては、123しかありえない。

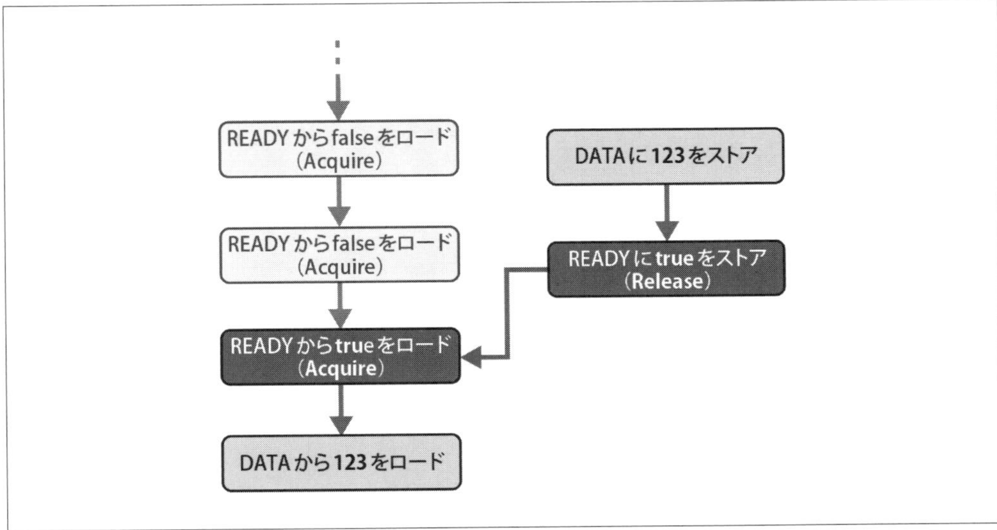

図3-3　このコード例での、アトミック操作間の先行発生関係。Acquire/Release操作によって生まれるスレッド間の関係を示している。

この例でRelaxedメモリオーダリングを用いていたら、READYがtrueであるにも関わらず、その後のDATAロード時に0が読み込まれる可能性がある。

「release（解放）」と「acquire（取得）」という名前は最も基本的な使い方に由来する。あるスレッドが、値をアトミック変数に書き出すことで、データを**release（解放）**し、別のスレッドがその値をアトミックに読み込むことで**acquire（取得）**するわけだ。Mutexをあるスレッドがアンロック（解放）し、その後別のスレッドがロック（取得）する際には、これらがまさに起きている。

上の例では、READYフラグによる先行発生関係が、DATAに対するストアとロードが並行して起こらないことを保証している。ということは、実際にはここでアトミックを使う必要はないということだ。

とはいえ、通常の非アトミック型をデータを格納する変数に用いると、コンパイラが拒否する。Rustの型システムが、他のスレッドが借用している変数を変更させてくれないからだ。型システムは、ここで作った先行発生関係を魔法のように理解してくれるわけではない。unsafeコードを使って、コンパイラに対して、注意深く考えてありルールも破っていないということを約束しなければならない。

```
static mut DATA: u64 = 0;
static READY: AtomicBool = AtomicBool::new(false);

fn main() {
    thread::spawn(|| {
        // 安全性：まだREADYフラグをセットしていないので、
        // 誰かがDATAにアクセスすることはない
        unsafe { DATA = 123 };
        READY.store(true, Release); // このストアよりも前に起こったことはすべて ..
    });
    while !READY.load(Acquire) { // .. このロードが`true`を読み込んだ後は、観測できる
        thread::sleep(Duration::from_millis(100));
        println!("waiting...");
    }
    // 安全性：READYが真なので、誰かがDATAを変更することはない
    println!("{}", unsafe { DATA });
}
```

より形式的に

先行発生関係はAcquireロード操作がReleaseストア操作の結果を観測した際に発生する。これは何を意味するのだろうか？

2つのスレッドが同じアトミック変数に対して7という値をRelaseストアし、3つ目のスレッドがその変数から7をロードした場合を考えてみよう。3つ目のスレッドと先行発生関係を持つのは、1つ目のスレッドだろうか、2つ目のスレッドだろうか？それは、「どちらの7」をロードしたかによる。1つ目のスレッドと2つ目のスレッドのどちらがストアした「7」だろ

うか（どちらとも関係ない7なのかもしれない）？ つまり、7は7でも2つのスレッドが書き出した7には違いがあるということだ。

このような場合は、**全変更順序**という観点で考える。これは、**「3.4 Relaxedオーダリング」**でも説明したように、1つのアトミック変数に対して起こった変更を順番に並べたものだ。同じ変数に何度か同じ値を書き出した場合でも、それぞれの操作はその変数の全変更順序の中で別のイベントになる。値をロードした際には、そのロードは、変数ごとの「タイムライン」のある点に対応することになり、それからそのロードがどのストア操作と同期したのかがわかる。

例えばアトミック変数の全変更順序が以下のようになっていた場合を考えてみよう。

1	初期化	0	
2	**Release** ストア	7	スレッド2
3	Relaxed ストア	6	
4	**Release** ストア	7	スレッド1

Acquireロードで7が読めた場合、イベント2のReleaseストアかイベント4のReleaseストアのどちらかと同期する。ただし、（先行発生関係の意味で）それ以前に6を観測していた場合には、イベント2のものではなくイベント4が書き出した7を読んだことがわかる。したがって、スレッド2ではなくスレッド1に対して先行発生関係を結んだことになる。

もう1つ細かい点がある。Releaseストアされた値は、任意の数の読み込み更新操作および比較交換操作で変更される可能性があるが、それでも最終的な結果を読み込んだAcquireロードとの間に先行発生関係を結ぶ。

例として以下の全変更順序を持つアトミック変数を考えてみよう。

1	初期化	0
2	**Release** ストア	7
3	Relaxed fetch-and-add 1	7から8へ変更
4	**Release** fetch-and-add 1	8から9へ変更
5	**Release** ストア	7
6	Relaxed swap 10	7から10へ変更

さて、ここでこの変数から9をAcquireロードしたとしよう。この場合、先行発生関係を、（この値をストアした）4番目の操作と結ぶだけなく、（7をストアした）2番目の操作とも結ぶことになる。3番目の操作がRelaxedメモリオーダリングを用いていてもだ。

同様に、この変数からAcquireロードで、Relaxed操作で書き出された10が観測された場合にも、（7をストアしている）イベント5の操作との間に先行発生関係が成立する。これは通常のストア操作（「読み込み更新」でも比較交換でもない）なので、ここで連鎖は途切れる。それ以外の操作とは先行発生関係は成立しない。

3.5.1 例：ロック

Mutexは、Release/Acquireオーダリングの最も一般的な使用例だ（**「1.7 ロック：MutexとRwLock」**を参照）。ロック時には、アンロックされているかどうかをAcquireオーダリングのアトミック操作でチェックし、同時にアトミックに状態を「ロック」に変更する。アンロックする際には、Releaseオーダリングを用いて状態を「アンロック」に戻す。つまり、Mutexに対するアンロックとその後のロックの間に先行発生関係があることになる。

このパターンの例を見てみよう。

```
static mut DATA: String = String::new();
static LOCKED: AtomicBool = AtomicBool::new(false);

fn f() {
    if LOCKED.compare_exchange(false, true, Acquire, Relaxed).is_ok() {
        // 安全性：Mutexを保持しているので誰かがDATAにアクセスすることはない
        unsafe { DATA.push('!') };
        LOCKED.store(false, Release);
    }
}

fn main() {
    thread::scope(|s| {
        for _ in 0..100 {
            s.spawn(f);
        }
    });
}
```

「2.3 比較交換操作」で簡単に説明したように、比較交換操作は2つのメモリオーダリングを引数として取る。1つは比較が成功してストアが行われる場合用、もう1つは比較が失敗してストアが行われない場合用だ。`f`では`LOCKED`を`false`から`true`にしようと試み、成功した場合にしか`DATA`にはアクセスしない。したがって、成功した場合のメモリオーダリングだけを考えればいい。`compare_exchange`が失敗した場合には、`LOCKED`がすでに`true`だったということなので、`f`は何もしない。この動作は通常のMutexの`try_lock`の挙動と同じだ。

注意深い読者なら、`compare_exchange`の代わりに`swap`を用いることができることに気がついたかもしれない。すでにロックされていた場合には、`true`を`true`に置き換えてもコードの正しさには影響しないからだ。

```
// これでも動作する
if LOCKED.swap(true, Acquire) == false {
    …
}
```

Acquire/Releaseメモリオーダリングのおかげで、2つ以上のスレッドが並行して`DATA`にアクセスすることはないと確信を持てる。**図3-4**に示すように、すべての`DATA`へのアクセスは、`LOCKED`

へのfalseのReleaseストアよりも「先に起きる」。そしてこのReleaseストアは、次のfalseをtrueに変換するAcquire比較交換（もしくはAcquireスワップ）よりも先行発生する。そしてこのAcquire比較交換は、次のDATAへのアクセスよりも先行発生する。

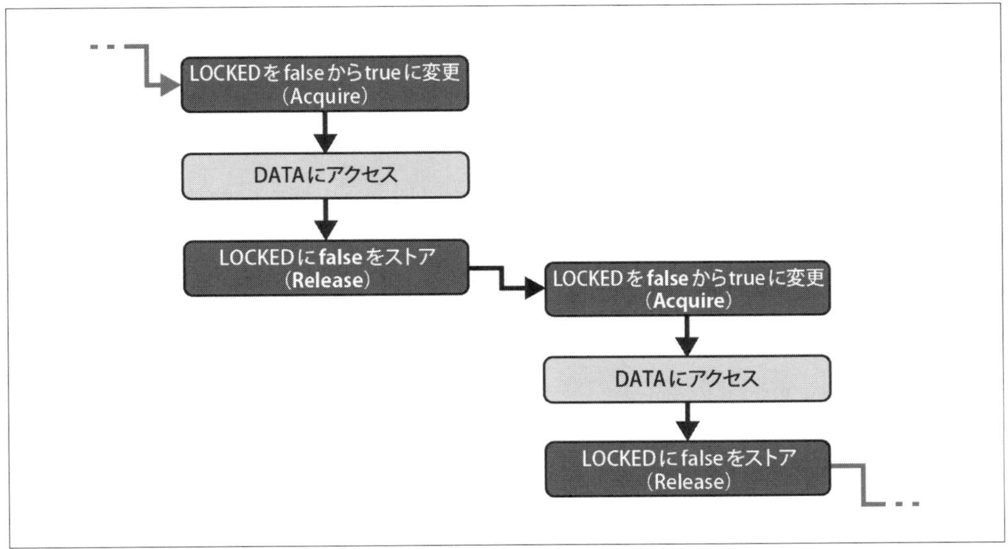

図3-4　ロックの例におけるアトミック操作間の先行発生関係。2つのスレッドがロックとアンロックを順に行っている。

「4章　スピンロックの実装」で、この考え方を用いて再利用可能な型「スピンロック」を作成する。

3.5.2 例：間接参照を用いた遅延初期化

「2.3.2　例：一度だけ行われる遅延初期化」で、複数のスレッドが値の初期化で競合する場合を想定した比較交換操作を用いたグローバル変数の遅延初期化を実装した。この値は0以外の64ビット整数だったので、AtomicU64を使って初期化前のプレースホルダとして0を用いることができた。

1つのアトミック変数に格納できないような大きなデータ型について同じことをするには別の方法を考える必要がある。

ここではノンブロッキングにしたいとしよう。つまりスレッドは他のスレッドの実行を待たずに実行し、最初に初期化を完了したスレッドの値を使用する。つまり、この場合でも、「未初期化」状態から「完全に初期化された」状態に1つのアトミック操作で移行しなければならない。

ソフトウェア工学の基礎理論の教えるところによれば、コンピュータサイエンスのすべての問題は間接参照レイヤを追加することで解決する※3のだが、この問題も例外ではない。データをアトミック変数に押し込むことはできないが、データへの「ポインタ」ならアトミック変数に押し込める。

※3　訳注：The fundamental theorem of software engineering。英国の計算機科学者David Wheelerによるとされる言葉。"We can solve any problem by introducing an extra level of indirection"（https://en.wikipedia.org/wiki/Fundamental_theorem_of_software_engineering）

AtomicPtr<T>はTへのポインタである*mut Tのアトミック版だ。初期状態を指すプレースホルダとしてヌルポインタを用い、新しく確保して完全に初期化されたTへのポインタと、アトミックな比較交換操作を用いて置き換える。他のスレッドはこの値を読み込む。

ポインタを保持したアトミック変数だけでなく、ポインタが指しているデータそのものも共有するので、**「2章 アトミック操作」**で行ったように、Relaxedメモリオーダリングを使うわけにはいかない。データのアロケートと初期化が、データの読み込みと競合しないようにしなければならないからだ。つまり、ストアとロードにReleaseとAcquireオーダリングを用いて、コンパイラとプロセッサが、例えばポインタのストアとデータ初期化の順番を入れ替えたりして、我々のコードを壊さないようにしなければならない。

このように考えると、任意のデータ型Dataに対して、以下のような実装が考えられる。

```
use std::sync::atomic::AtomicPtr;

fn get_data() -> &'static Data {
    static PTR: AtomicPtr<Data> = AtomicPtr::new(std::ptr::null_mut());

    let mut p = PTR.load(Acquire);

    if p.is_null() {
        p = Box::into_raw(Box::new(generate_data()));
        if let Err(e) = PTR.compare_exchange(
            std::ptr::null_mut(), p, Release, Acquire
        ) {
            // 安全性：pは直前のBox::into_rawで作ったものなので、
            // 他のスレッドと共有されていることはない
            drop(unsafe { Box::from_raw(p) });
            p = e;
        }
    }

    // 安全性：pはヌルではなく適切に初期化した値を指している
    unsafe { &*p }
}
```

PTRからAcquireロードしたポインタがヌルでなければ、初期化されたデータを指していると仮定して、それに対する参照を作る。

読み込んだポインタがまだヌルだった場合には、新しいデータを作って、新たにBox::newで確保した場所に格納する。このBoxを、比較交換操作でPTRにストアできるように、Box::into_rawを用いて生ポインタに変換する。他のスレッドが初期化競争に勝った場合には、PTRがヌルでなくなっているので、compare_exchangeが失敗する。もしそうなったら、生のポインタをBoxに戻してからdropで解放してメモリリークが起こらないようにして、PTRに他のスレッドが格納したポインタを用いて先に進む。

末尾のunsafeブロックに付けた安全性に関するコメントに書いたように、この時点でデータが初期化されていることを想定している。この想定が、物事が起こった順番を含んでいることに注意しよう。この想定が正しくなるように、Release/Acquireメモリオーダリングを用いて、データの初期化が、データを用いた参照の作成よりも先行発生するようにしている。

ヌルでない(つまり初期化された)ポインタをロードできる機会は2つある。load操作と、compare_exchange操作が失敗したときだ。したがって、上で説明したように、loadとcompare_exchangeの失敗時のメモリオーダにAcquireを使って、このポインタをストアした操作と同期しなければならない。このストア操作は、compare_exchange操作が成功した際に起こるので、成功時のメモリオーダリングにはReleaseを使わなければならない。

図3-5に3つのスレッドがget_data()を呼んだ場合の一連の操作と操作間の先行発生関係を示す。この場合、スレッドAとBはいずれもヌルポインタを観測し、いずれもアトミックポインタの初期化を試みる。スレッドAが競争に勝利したので、スレッドBのcompare_exchange操作は失敗する。スレッドCはスレッドAが初期化した後のアトミックポインタを観測している。最終的にはすべてのスレッドがスレッドAが確保したBoxを使用している。

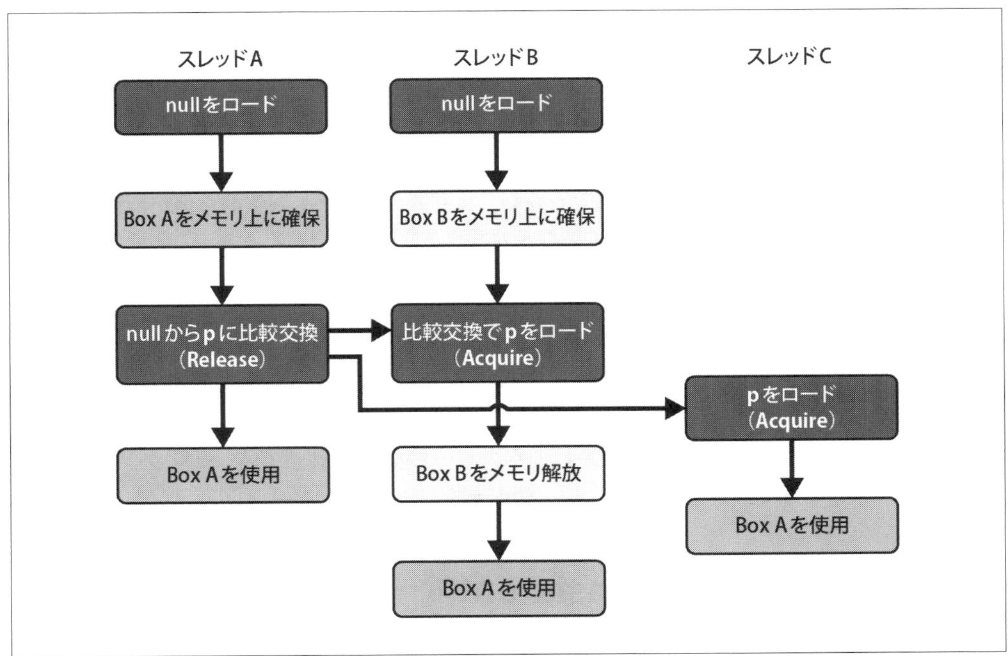

図3-5 get_data()を呼び出す3つのスレッドの操作と先行発生関係

3.6 Consumeオーダリング

先ほどの例のメモリオーダリングを詳しく見てみよう。厳密なメモリモデルを忘れて、実用的な言葉で考えてみる。Releaseオーダリングによって、データの初期化と他のスレッドとポインタを共有するためのストア操作とが、リオーダされることを妨げている。これは重要だ。こうなっていないと、他のスレッドが完全に初期化されていないデータを観測する可能性があるからだ。

同様に、Acquireオーダリングによって、ポインタのロードとデータアクセスとの順番が入れ替わることを防いでいると言えるだろう。しかしこれに、何か意味があるのかと疑問に思う読者もいるかもしれない。データのアドレスがわからないのに、データにアクセスできるはずがない。ということは、実はAcquireオーダリングよりも弱いオーダリングで十分だということになる。その考えは正しい。この弱いオーダリングは**Consumeオーダリング**と呼ばれている。

Consumeオーダリングは、基本的にAcquireオーダリングの軽量でより効率的な変種だ。このオーダリングの同期効果は、ロードされた値に依存したものに限定される。

つまり、Releaseストアされた値`x`をアトミック変数からConsumeロードで読み込んだ場合、このストアは、`*x`、`array[x]`、`table.lookup(x + 1)`のような`x`に**依存した**式の評価よりも先行発生するが、他の変数の読み込みなどの`x`を必要としない操作よりも先行発生するわけでは必ずしもない、ということだ。

さて、いいニュースと悪いニュースがある。

いいニュースは、すべての近代的なプロセッサアーキテクチャでは、Consumeオーダリングは、Relaxedオーダリングと全く同じ命令で実現される。つまり、Consumeオーダリングは、少なくとも一部のプラットフォームでは「ただ」だ。これはAcquireオーダリングの場合とは異なる。

悪いニュースは、実際にConsumeオーダリングを実装したコンパイラはない、ということだ。

「依存した式」の定義が難しかっただけでなく、このような既存関係を維持したままプログラムの変換や最適化を行うのはさらに難しかったのだ。例えば、コンパイラは、`x + 2 - x`を`2`に最適化して`x`への依存をなくしてしまうかもしれない。より微妙でしかも現実的な例が`array[x]`のような式で、`x`の値や`array`の要素に対して何らかの推論が行える場合に起きる。この問題は、`if`文や関数呼び出しなどの制御フローを考慮に入れるとさらに複雑になる。

このため、コンパイラは安全性を保つためにConsumeオーダリングをAcquireオーダリングにアップグレードする。C++20標準では、Acquireオーダリングにしてしまう以外の実装がうまくいかないことがわかったとし、明示的にConsumeオーダリングの使用を控えるようにとさえ書いている。

もしかしたら実用になりうるConsumeオーダリングの定義と実装が、いつか見つかるかもしれない。その日が来るまで、Rustは`Ordering::Consume`を公開しない。

3.7 Sequentially Consistentオーダリング

最も強いメモリオーダリングが、**Sequentially Consistent**（逐次整合）オーダリングで、`Ordering::SeqCst`で表される。これは、ロードに対するAcquireオーダリングとストアに対するReleaseオーダリングによる保証をすべて含み、さらに、グローバルに一貫した操作順序を保証する。

つまり、プログラム中に存在する`SeqCst`オーダリングのすべての操作はすべてのスレッドが合意する単一の全順序を構成する。この全順序は、個々の変数の全変更順序と整合している。

このメモリオーダリングは、Acquire/Releaseメモリオーダリングよりも厳密に強いので、Acquire/ReleaseペアのAcquireロードやReleaseストアをSequentially Consistentロード/ストアで置き換えて、先行発生関係を構成することができる。つまり、Acquireロードは、Releaseストアとだけではなく、Sequentially Consistentストアとも先行発生関係を結ぶことができるし、その逆も同じだ。

先行発生関係の双方がSeqCstを使っている場合のみ、グローバルなSeqCstオーダリングによる全順序と整合していることが保証される。

一番わかりやすいメモリオーダリングのように思うかもしれないが、SeqCstオーダリングが実際に必要になることはほとんどない。ほとんどすべての場合において、通常のAcquire/Releaseオーダリングで十分だ。

Sequentially Consistentな操作に依存する例を見てみよう。

```
use std::sync::atomic::Ordering::SeqCst;

static A: AtomicBool = AtomicBool::new(false);
static B: AtomicBool = AtomicBool::new(false);

static mut S: String = String::new();

fn main() {
    let a = thread::spawn(|| {
        A.store(true, SeqCst);
        if !B.load(SeqCst) {
            unsafe { S.push('!') };
        }
    });

    let b = thread::spawn(|| {
        B.store(true, SeqCst);
        if !A.load(SeqCst) {
            unsafe { S.push('!') };
        }
    });

    a.join().unwrap();
    b.join().unwrap();
}
```

2つのスレッドが、それぞれ用のアトミック真偽値をtrueにして、もう一方のスレッドに対してSにアクセスしようとしていることを警告し、それからもう一方のスレッドのアトミック真偽値をチェックして、データ競合を起こさずに安全にSにアクセスできるか確認している。

もし双方のストア操作がいずれかのロード操作よりも先行発生すると、いずれのスレッドもSにアクセスできなくなってしまう場合がある。しかし、双方のスレッドがSにアクセスしてしまい未定義動作を引き起こすことはありえない。Sequentially Consistentオーダリングによって、どちらか一方が競争に勝利することが保証されているからだ。すべての可能な単一の全順序において最初の操作はストア操作であり、これによって他のスレッドがSにアクセスすることを妨げるからだ。

実際にSeqCstが利用されているケースでは、事実上そのすべてで、この例と同様に、同じスレッドの後続するロードよりも前にグローバルに観測可能でなければならないストアを用いるパターンを用いている。このような状況では、Relaxed操作をSeqCstな**フェンス**と組み合わせて使った方が、効率的な場合もある。

3.8 フェンス

アトミック変数に対する操作の他にも、メモリオーダリングを適用できるものがある。アトミックフェンスだ。

std::sync::atomic::fence関数が「アトミックフェンス(atomic fence)」を表す。アトミックフェンスは**releaseフェンス**(Release)、**acquireフェンス**(Acquire)、これらの双方(AcqRelまたはSeqCst)のいずれかだ。SeqCstフェンスは、Sequentially Consistent全順序の一部となる。

アトミックフェンスを用いると、メモリオーダリングをアトミック操作から切り離すことができる。これは複数の操作に対してメモリオーダリングを適用したい場合や、ある条件の場合にだけ適用したい場合に有用だ。

本質的には、Releaseストアは、Releaseフェンスと後続する(Relaxedの)ストアに分けることができ、Acquireロードは、(Relaxedの)ロードと後続するAcquireフェンスに分けることができる。

Release/Acquire関係を持つストアは、

```
a.store(1, Release);
```

Releaseフェンスと、後続するRelaxedなストアで置き換えられる。

```
fence(Release);
a.store(1, Relaxed);
```

Release/Acquire関係を持つロードは、

```
a.load(Acquire);
```

Relaxedなロードと、後続するAcquireフェンスで置き換えられる。

```
a.load(Relaxed);
fence(Acquire);
```

ただし、フェンスを分離すると余分なプロセッサ命令が生成され、効率がわずかに低下する可能性がある。

さらに重要なのは、ReleaseストアやAcquireロードと異なり、フェンスは1つのアトミック変数に結び付けられていないことだ。つまり、1つのフェンスで複数の変数を同時に扱うことができる。

形式的に書くと、Releaseフェンスは、(同じスレッド内で)同期対象となるAcquire操作で観測される値をストアするアトミック操作が後続した場合に、先行発生関係のRelease操作の役割を果たす。同様に、Acquireフェンスは、Release操作によってストアされた値をロードするアトミック操作が(同じスレッド内で)先行している場合に、Acquire操作の役割を果たす。

まとめると、Releaseフェンスに後続する任意のストアが、Acquireフェンスに先行する任意のロードによって観測された場合、ReleaseフェンスとAcquireフェンスの間に先行発生関係が成立する。

例として、あるスレッドがReleaseフェンスの後に3つのアトミックストア操作をそれぞれ異なる変数に行い、別のスレッドがこれらの変数に対して3つのロード操作を行ってからAcquireフェンスを行うことを考えてみよう。

スレッド1:

```
fence(Release);
A.store(1, Relaxed);
B.store(2, Relaxed);
C.store(3, Relaxed);
```

スレッド2:

```
A.load(Relaxed);
B.load(Relaxed);
C.load(Relaxed);
fence(Acquire);
```

この場合、スレッド2のロード操作のいずれかが、スレッド1の対応するストアが書き出した値を読み込んだなら、スレッド1のReleaseフェンスはスレッド2のAcquireフェンスに対して先行発生することになる。

フェンスとアトミック操作は直接隣り合わせである必要はない。制御フローも含めて、間に何が入っても構わない。これを用いると、フェンスを条件付きにすることができる。これは、比較交換操作では成功した場合と失敗した場合のメモリオーダリングをそれぞれ与えられるのと似ている。

例えば、あるアトミック変数からAcquireメモリオーダリングでポインタを読み込むとしよう。フェンスを使うと、ポインタがヌルでなかった場合にだけ、Acquireオーダリングを用いるようにすることができる。

Acquireロードを用いたコードを、

```
let p = PTR.load(Acquire);
if p.is_null() {
    println!("no data");
} else {
    println!("data = {}", unsafe { *p });
}
```

条件付きAcquireフェンスを用いて書き換えると以下のようになる。

```
let p = PTR.load(Relaxed);
if p.is_null() {
    println!("no data");
} else {
    fence(Acquire);
    println!("data = {}", unsafe { *p });
}
```

ポインタがほとんどの場合はヌルになるような場合には、不必要にAcquireメモリオーダリングを使用することを避けられるので、この方法は有用だ。

もう少し複雑なRelease/Acquireフェンスの使い方を見てみよう。

```
use std::sync::atomic::fence;

static mut DATA: [u64; 10] = [0; 10];

const ATOMIC_FALSE: AtomicBool = AtomicBool::new(false);
static READY: [AtomicBool; 10] = [ATOMIC_FALSE; 10];

fn main() {
    for i in 0..10 {
        thread::spawn(move || {
            let data = some_calculation(i);
```

```
            unsafe { DATA[i] = data };
            READY[i].store(true, Release);
        });
    }
    thread::sleep(Duration::from_millis(500));
    let ready: [bool; 10] = std::array::from_fn(|i| READY[i].load(Relaxed));
    if ready.contains(&true) {
        fence(Acquire);
        for i in 0..10 {
            if ready[i] {
                println!("data{i} = {}", unsafe { DATA[i] });
            }
        }
    }
}
```

std::array::from_fnを用いると、ある操作を指定した回数繰り返してその結果を配列に集めることが簡単にできる。

この例では、10個のスレッドがそれぞれ計算を行い、それぞれ結果を（非アトミック）な共有変数に書き出している。個々のスレッドはそれぞれのアトミック真偽値変数を用いて、データが書き出し済みでメインスレッドから読み込める状態になっていることを示す。この際には通常のReleaseストアを用いる。メインスレッドは0.5秒待ってから、10個の真偽値変数をチェックして、どのスレッドの計算が終わっているかを調べて、すでに結果が出ているものに関しては、それを表示する。

メインスレッドは10個のAcquireロード操作を行ってこの真偽値変数を読み込むのではなく、Relaxedな操作と1つのAcquireフェンスを用いている。そして、データを読み込む前にフェンスを実行している。データを読み込むのはそれがすでに書き出されている場合だけだ。

この例では、このように最適化を行うことには全く意味がないが、余分なAcquire操作のオーバヘッドを低減するこのパターンは、高度に効率的な並行データ構造を構築する際には重要になる。

SeqCstフェンスは、AcqRelフェンスと同様に、ReleaseフェンスとAcquireフェンスを兼ねるが、さらにSequentially Consistent操作の単一の全順序の一部ともなる。ただし、フェンスだけが全順序の一部となるだけで、フェンスよりも前や後に書かれたアトミックな操作は必ずしもその一部とはならない。したがってReleaseやAcquireの操作と異なり、Sequentially Consistentな操作は、Relaxed操作とメモリフェンスで置き換えることはできない。

コンパイラフェンス

通常のアトミックフェンスに加えて、Rustの標準ライブラリはstd::sync::atomic::compiler_fenceとして「コンパイラフェンス」を提供している。この関数のシグネチャはすでに説明した通常のfence()と同一だが、その効果はコンパイラに限定されている。通常のアトミックフェンスと異なり、プロセッサでの最適化、例えば命令のリオーダを防ぐことはできない。ほとんどの用途においてはコンパイラフェンスは不十分だ。

潜在的な利用例としては、Unixの**シグナルハンドラ**や、組み込みシステムの**割り込み**の実装が考えられる。これらの機構は、スレッドの実行に対して突然割り込んで、同じプロセッサコア上で関係のない関数を一時的に実行する。同じプロセッサコア上で動作するので、通常のプロセッサがメモリオーダリングに与える影響とは異なる（詳しくは**「7章　プロセッサを理解する」**）。この場合にはコンパイラフェンスで十分な場合があり、命令を1つ省略してパフォーマンスを向上させられるかもしれない。

もう1つ考えられる使用例としては、**プロセス全体のメモリバリア**がある。この技術は、Rustのメモリモデルのスコープからは外れ、特定のOSでしかサポートされていない。Linuxでは`membarrier`システムコール、Windowsでは`FlushProcessWriteBuffers`関数で提供されている。このバリアは、並行して実行中のすべてのスレッドに強制的に（sequentially consistentな）アトミックフェンスを挿入する。これにより、2つのマッチするフェンスを、軽量なコンパイラフェンスと重いプロセス全体のバリアに置き換えることができる。軽量なバリア側のコードが頻繁に実行されるのであれば、これで全体の性能を向上させることができる（このバリアの詳細とクロスプラットフォームで使用する方法については、crates.ioの`membarrier`クレートのドキュメントを参照してほしい）。

コンパイラフェンスは、メモリオーダリングへのプロセッサの影響を探索する上でも興味深いツールだ。**「7.4.3　実験」**では、通常のフェンスをコンパイラフェンスで置き換えることで、意図的にコードを壊す。こうすることで、メモリオーダリングを間違えて使った際に生じる微妙だが致命的なプロセッサへの影響を体験できる。

3.9　よくある誤解

メモリオーダリングに関しては誤解が多い。章の最後に、よくある誤解を見ておこう。

神話：直ちに値が観測できるようにするためには強いメモリオーダリングが必要

`Relaxed`のような弱いメモリオーダリングを使うと、アトミック変数に対する変更が別のスレッドに到達しなかったり、場合によっては大きく遅延する、という誤解がある。「Relaxed」（弛緩した）という名前から、何かがハードウェアのどこかに起きて、するべきことをするように強制するまで、何も起こらないように思うのかもしれない。

実際、メモリモデルはタイミングに関しては何も言っていない。特定の事柄が発生する順番を定義しているだけで、それが起こるまでにどれくらい待てばいいのかについては何も言っていない。あるスレッドから別のスレッドがデータを取得するまでに何年もかかるような計算機は全く使い物にならないだろうが、メモリモデルの観点からは全く問題ない。

しかし実際には、メモリオーダリングはナノ秒単位で起こる命令のリオーダなどに対して定義されている。強いメモリオーダリングはデータの移動を速くするわけではない。プログラムの実行が遅くなることすらあり得る。

神話：最適化をOFFにすれば、メモリオーダリングのことは気にしなくてよい

命令が予想外の順番で実行されることを可能にしているのは、コンパイラとプロセッサの両方だ。コンパイラの最適化を無効化しても、コンパイラが行うすべての変換を無効化するわけではないし、プロセッサの命令リオーダを無効化するわけでもない。このリオーダで問題のある挙動が起きる場合がある。

神話：命令のリオーダをしないプロセッサを使えば、メモリオーダリングのことは気にしなくてよい

小規模なマイクロコントローラなどの単純なプロセッサは1つしかコアを持たず、1度に1つの命令を順番に実行する。確かにこのようなデバイスでは、メモリオーダリングを間違うことによる問題が実際に起きる可能性は大幅に低くなるが、コンパイラが間違ったメモリオーダリングに基づいて誤った想定をすることで、コードが壊れる可能性はある。さらに、命令のリオーダを行わないとしても、メモリオーダリングに関係する他の機能を持っている可能性があることを理解することが重要だ。

神話：Relaxed操作は無料だ

これが正しいかどうかは、「無料」の定義による。メモリオーダリングの中ではRelaxedが最も効率が良く他のものよりも大幅に高速なのは事実だ。さらに、ほとんどすべての近代的なプラットフォームでは、Relaxedなロードとストアは、非アトミックな読み書きと同じプロセッサ命令にコンパイルされるのも事実だ。

アトミック変数を1つのスレッドからのみ使用しているにも関わらず、非アトミック変数の場合と速度が違うなら、その理由はおそらく非アトミック関数についてはコンパイラがより自由に最適化を行うことができ、効率的なコードが生成されるからだろう（コンパイラはアトミック変数に関してはあらゆる最適化を避ける傾向がある）。

しかし、複数のスレッドから同じメモリにアクセスすると、1つのスレッドからアクセスする場合と比べて大幅に遅くなる。あるメソッドからアトミック変数に連続的に書き出しを行っている最中に他のスレッドが変数を繰り返し読み込み始めると、速度が目に見えて低下することがわかる。なぜなら、プロセッサコアとそのキャッシュが協調動作しなければならなくなるからだ。

これについては**「7章　プロセッサを理解する」**で詳しく説明する。

神話：Sequentially Consistentメモリオーダリングは、デフォルトとして有用で、常に正しい

性能の面を除けば、Sequentially Consistentメモリオーダリングは強い保証を提供するので、デフォルトのメモリオーダリングとして最適だと考えられることがしばしばある。確かに、何らかのメモリオーダリングが正しいのであれば、SeqCstも正しい。こう聞くとSeqCstは常に正しいと思うかもしれない。しかし、メモリオーダリングとは関係なく、並列アルゴリズムが間違っていることは当然ありうる。

より重要なのは、コードの読者への影響だ。SeqCstはコードの読者に対して「この操作は、プログラム中のすべてのSeqCst操作の全順序に依存している」と告げている。これは信じられないほど影響の大きい主張だ。同じコードでも、可能な範囲でより弱いメモリオーダリングを使っていたら、コードレビューが容易になるだろう。例えばReleaseは読者に対して「この操作は同じ変数

に対するAcquire操作に関連している」と告げている。こちらの方がコードを理解する上ではるかに考慮するべきことが少ない。

SeqCstは警告だと思った方がいい。SeqCstをどこかで見かけることがあったら、何か複雑なことを行っているか、それを書いたプログラマがメモリオーダリングに関する想定を十分な時間をかけて解析していない、ということだ。いずれも、特に注意しなければならないサインだ。

神話：Sequentially Consistentメモリオーダリングは、「Releaseロード」や「Acquireストア」の代わりに使える

SeqCstでAcquireとReleaseとを置き換えることが可能だが、AcquireストアやReleaseロードが行われるわけではない。これらは存在しないままだ。Releaseはストアにしか使えないし、Acquireはロードにしか使えない。

例えば、ReleaseストアはSequentially Consistentストアとの間にRelease/Acquire関係を持たない。これらがグローバルに一貫した順序の一部となるようにしたければ、双方ともSeqCstを用いる必要がある。

3.10 まとめ

- すべてのアトミック操作に対してグローバルに一貫した順序は存在しない。スレッドによっては、異なる順序で操作が行われたように見えるかもしれない。
- ただし、個々のアトミック変数には、メモリオーダリングには関係なく、スレッド間で合意された**全変更順序**がある。
- この操作順序は、**先行発生**関係を通じて形式的に定義される。
- 1つのスレッド内では、すべての操作に対して先行発生関係が存在する。
- スレッドの起動は、スレッド内で起こるすべてのことよりも、先行発生関係にある。
- スレッドで行うすべてのことは、そのスレッドのジョインよりも先行発生する。
- Mutexのアンロックは、再ロックよりも先行発生する。
- Releaseストアされた値をAcquireロードすると先行発生関係が成立する。この値は読み込み更新や比較交換で変更されていてもよい。複数回変更されていることもある。
- Consumeロードは、もし存在したならAcquireロードの軽量版になっていただろう。
- Sequentially Consistentオーダリングは、グローバルに一貫した操作順序を作る。ただし、ほとんどの場合には必要ないし、コードレビューが面倒になる。
- フェンスを用いると複数の操作のメモリオーダリングを組み合わせることや、条件付きでメモリオーダリングを導入することができる。

4章
スピンロックの実装

通常のMutex（**「1.7　ロック：MutexとRwLock」**参照）をロックする場合、そのMutexがすでにロックされていたらスレッドはスリープする。こうすることでMutexがリリースされるまでの間、資源を浪費することを避ける。しかし、Mutexがロックされる時間が非常に短く、スレッドが別のプロセッサコアで並列に実行できる場合には、スリープせずに繰り返してロックを試みるようにした方がいい場合もある。

スピンロックは、まさにこのように動作するMutexだ。すでにロックされているMutexをロックしようとした場合、**ビジーループ**（busy-looping）もしくは**スピン**（spinning）する、つまり成功するまで何度もロックの取得を試みる。プロセッササイクルを浪費することになるが、ロックのレイテンシを短縮できる場合がある。

std::sync::Mutexも含めて、いくつかのプラットフォームで実際に用いられているMutexの実装の多くは、OSにスレッドのスリープを依頼する前に、短時間だけスピンロックのように動作する。これは、2つの手法の利点を組み合わせようという試みだが、その効果は場合によって異なる。

本章では、**「2章　アトミック操作」**と**「3章　メモリオーダリング」**で学んだことを応用して、独自のSpinLock型を実装し、Rustの型システムを用いて安全で使いやすいインターフェイスを提供する方法を説明する。

4.1　最小限の実装

スピンロックをゼロから実装してみよう。

最小限の実装はかなり単純だ。

```
pub struct SpinLock {
    locked: AtomicBool,
}
```

必要なのは、ロックされているかどうかを示す真偽値1つだけだ。複数のスレッドが同時にそれにアクセスできるようにするために、**アトミック**な真偽値を使う。

あとは、コンストラクタ関数と、lock、unlockメソッドだけあればいい。

```
impl SpinLock {
    pub const fn new() -> Self {
        Self { locked: AtomicBool::new(false) }
    }

    pub fn lock(&self) {
        while self.locked.swap(true, Acquire) {
            std::hint::spin_loop();
        }
    }

    pub fn unlock(&self) {
        self.locked.store(false, Release);
    }
}
```

真偽値lockedは最初falseで、lockメソッドがそれをtrueに交換する。すでにtrueだったら何度も試みる。unlockメソッドはそれをfalseに戻すだけだ。

アトミックにfalseかどうかをチェックして、もしそうならtrueに置き換える操作には、swap操作ではなくcompare_exchange操作を使ってもいい。

```
self.locked.compare_exchange_weak(
        false, true, Acquire, Relaxed).is_err()
```

やや長くなるが、好みによってはこちらの方がわかりやすいかもしれない。成功したり失敗したりする操作の意図がより明確だからだ。ただし、出力される命令列は若干異なる可能性がある。これについては**「7章　プロセッサを理解する」**で説明する。

whileループの中で、**スピンループ・ヒント**(std::hint::spin_loop())を用いている。これは、プロセッサに対して、何かが変わるのをスピンして待っているということを知らせるものだ。多くの一般的なプラットフォームでは、プロセッサコアがこのような状況に合わせて最適化できる特殊な命令にコンパイルされる。例えば、一時的に速度を落としたり、他の有用なことを優先するようにしたりする。ただし、スピンループ・ヒントはthread::sleepやthread::parkなどのブロッキング操作とは異なり、OSシステムコールを呼んでスリープして他のスレッドに資源を譲るようなことはしない。

一般に、このようなヒントをスピンループの中に書いておくのはいいことだ。場合によっては再度アトミック変数へのアクセスを試みる前に、数回このヒントを呼び出すのもいいかもしれない。ナノ秒のオーダで性能を追求していて最適な戦略を見つけたいなら、特定の場合に対してベンチマークを取るしかない。残念ながら、このようなベンチマークの結果はハードウェアに大きく依存する場合がある。**「7章　プロセッサを理解する」**で説明する。

unlock()呼び出しが、後続するlock()呼び出しとの間に先行発生関係を確立するように、

Acquire/Releaseメモリオーダリングを用いている。つまり、ロックを取得した際には、前回ロックされている間に起こったことはすでに起こっていると安全に想定できるということだ。これは、Acquire/Releaseオーダリングの最も古典的な用途で、文字通りロックの取得(Acquire)と解放(Release)を行う。

図4-1にSpinLockを用いて共有データへのアクセスを保護する様子を示す。ここでは2つのスレッドが並行してロックを取得しようとしている。最初のスレッドのunlock操作と、2番目のスレッドのlock操作の間に先行発生関係ができている。これによって、スレッドがデータに同時にアクセスすることはないことが保証される。

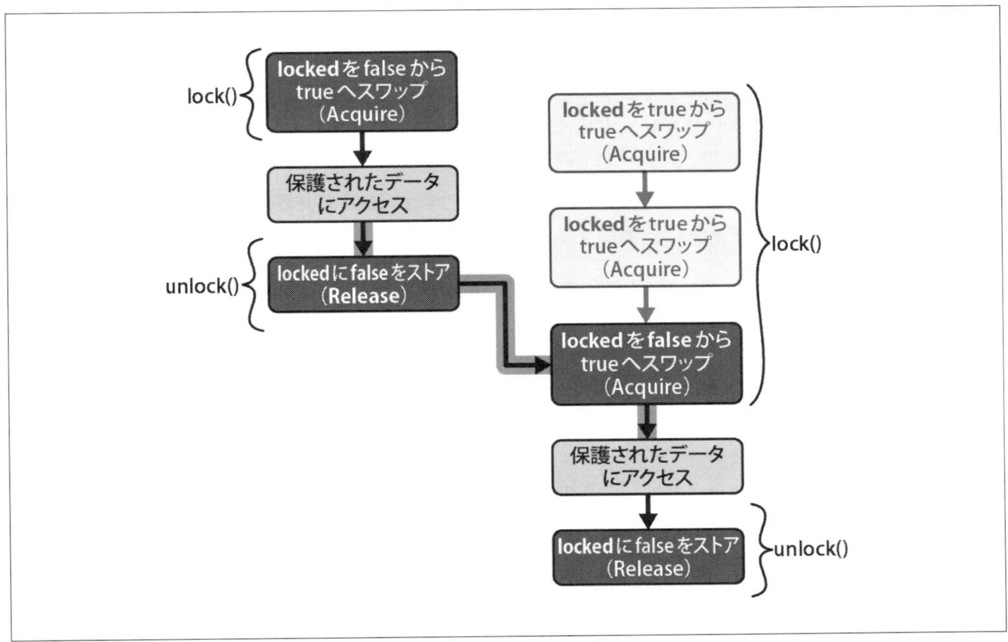

図4-1 共有データへのアクセスをSpinLockを用いて保護した際の、2つのスレッド間の先行発生関係

4.2 unsafeなスピンロック

上に示したSpinLock型は、完全に安全なインターフェイスを持っている。つまり、誤用してもそれ自体は未定義動作を引き起こすことはない。しかしこの型は、ほとんどすべての場合共有変数の変更を保護するために使われるので、ユーザは依然としてunsafeで、コンパイラがチェックしてくれないコードを書かなければならないことになる。

使いやすいインターフェイスを提供するために、lockメソッドを変更してロックによって保護されたデータへの排他参照(&mut T)を返すようにしよう。ロック操作を用いるのは、ほとんどの場合、排他的にアクセスできることを想定しても安全であることを保証するためだからだ。

これを実現するには、保護するデータの型に対するジェネリック型に変更し、データを保持するフィールドを追加する必要がある。ロック自体は共有されるが、データは変更される可能性がある（もしくは排他的にアクセスされる可能性がある）ので、内部可変性を用いる必要がある（**「1.5 内部可変性」**参照）。このためにUnsafeCellを用いる。

```
use std::cell::UnsafeCell;

pub struct SpinLock<T> {
    locked: AtomicBool,
    value: UnsafeCell<T>,
}
```

ここで注意すべきことは、UnsafeCellはSyncを実装していないということだ。つまり、この型はスレッド間で共有できなくなってしまい、使い物にならなくなってしまう。これを修正するには、コンパイラに対して、この型がスレッド間で共有しても安全であるということを約束する必要がある。このロックは型Tの値をスレッド間で送ることができるので、型Tに対してのみ、この約束をするようにしなければならない。したがって、次のように、Sendを実装するすべての型Tに対して、SpinLock<T>にSyncを（unsafeに）実装する。

```
unsafe impl<T> Sync for SpinLock<T> where T: Send {}
```

TがSyncであることを求めていないことに注意しよう。これはSpinLock<T>が、その保護するTに対して1度に1つのスレッドしかアクセスできないようにしているからだ。リーダ・ライタ・ロックのように、複数のスレッドに同時にアクセスを許そうとするなら、T: Syncであることを（追加で）要求する必要がある。

次に、new関数を変更し、UnsafeCellの初期値として用いる型Tの値を取るようにする。

```
impl<T> SpinLock<T> {
    pub const fn new(value: T) -> Self {
        Self {
            locked: AtomicBool::new(false),
            value: UnsafeCell::new(value),
        }
    }

    …
}
```

次は面白い。lockとunlockを実装しよう。そもそもこんなことをしているのは、lock()で&mut Tを返せるようにして、ユーザがunsafeでチェックされていないコードを書かずに、このロックを使ってデータを保護できるようにするためだ。ということは、unsafeなコードを我々の側、つまりこのlockの実装の中で使わなければならないということだ。UnsafeCellの中身に対する生ポインタ（*mut T）はget()メソッドで取得できる。この生ポインタをunsafeブロックの中で参照に変換することができる。

```
pub fn lock(&self) -> &mut T {
    while self.locked.swap(true, Acquire) {
        std::hint::spin_loop();
    }
    unsafe { &mut *self.value.get() }
}
```

このlock関数のシグネチャには、入力と出力の両方に参照があるので、&selfと&mut Tの生存期間は省略されており、同じであると仮定される（『*The Rust Programming Language*』の10章「ジェネリック型、トレイト、ライフタイム」の「ライフタイム省略」を参照）。生存期間は次のように明示的に書くこともできる。

```
pub fn lock<'a>(&'a self) -> &'a mut T { … }
```

こうすると、返される参照の生存期間が&selfと同じであることが明確になる。つまり、返された参照は、ロックそのものが存在する限り有効であると主張したことになる。

もしunlock()がなければ、このインターフェイスは完全に安全で正しいものだ。SpinLockはロックされ、&mut Tが返され、その後二度とロックされることはない。これによってこの排他参照が実際に排他的であることが保証される。

しかし、unlock()メソッドを実装し直すなら、返された参照の生存期間を、次にunlock()が呼ばれるまでの間に制限する方法が必要になる。コンパイラが人の言葉を理解できるなら、次のように書くことができるだろう。

```
pub fn lock<'a>(&self) -> &'a mut T
where
    'a ends at the next call to unlock() on self,
    even if that's done by another thread.
    Oh, and it also ends when self is dropped, of course.
    (Thanks!)
{ … }
```

'a は self に対する次の unlock() 呼び出しまでで終わるよ。
たとえそれが別のスレッドによって行われたとしても。
ああ、もちろん、self がドロップされたときも終わるよ。
（ありがとう！）

残念だがこれは有効なRustプログラムではない。コンパイラに対してこの制限を説明する代わりに、ユーザに対して説明する必要がある。ユーザに責任を押し付けるために、unlock関数をunsafeにマークし、安全に保つためにユーザが何をしなければならないかを説明するメモを残すのだ。

```
/// 安全性：lock() が返した &mut T はなくなっていなければならない。
/// （T に対する参照をどこかに取っておいちゃだめ！）
pub unsafe fn unlock(&self) {
    self.locked.store(false, Release);
}
```

4.3 ロックガードを用いた安全なインターフェイス

完全に安全なインターフェイスを提供するには、&mut Tの終わりをアンロック操作に結び付けなければならない。これを実現するにはこの参照を、参照のように振る舞う別の型でラップし、その型にDropトレイトを実装して、ドロップされたときに何かをするようにすればいい。

このような型は一般に**ガード**と呼ばれる。ロックの状態を「ガード」し、ドロップされるまで状態を維持する責任を負うからだ。

我々のGuard型は、SpinLockへの参照しか持たない。これで、UnsafeCellにアクセスできるし、後でAtomicBoolをリセットすることもできる。

```
pub struct Guard<T> {
    lock: &SpinLock<T>,
}
```

しかし、このコードをコンパイルすると、次のようなエラーが出る。

```
error[E0106]: missing lifetime specifier
   --> src/lib.rs
    |
    |         lock: &SpinLock<T>,
    |               ^ expected named lifetime parameter
    |
help: consider introducing a named lifetime parameter
    |
    ~     pub struct Guard<'a, T> {
    |                      ^^^
    ~         lock: &'a SpinLock<T>,
    |                ^^
    |
```

ここでは生存期間を省略できないようだ。コンパイラが言うように、参照の生存期間が限定されていることを明示的に書かなければならない。

```
pub struct Guard<'a, T> {

    lock: &'a SpinLock<T>,
}
```

こうすると、GuardがSpinLockよりも長生きできないことを保証できる。

次に、SpinLockのlockメソッドを変更して、Guardを返すようにする。

```
    pub fn lock(&self) -> Guard<T> {
        while self.locked.swap(true, Acquire) {
            std::hint::spin_loop();
        }
        Guard { lock: self }
    }
```

このGuard型にはコンストラクタもないし、フィールドもプライベートなので、ユーザがGuardを取得するにはSpinLockをロックするしかない。したがって、Guardが存在すれば、SpinLockがロックされていると安全に想定できる。

Guard<T>を（排他）参照のように透過的にTへのアクセスを許すように動作させるには、次のように特殊なトレイトDerefとDerefMutを実装すればいい。

```
use std::ops::{Deref, DerefMut};

impl<T> Deref for Guard<'_, T> {
    type Target = T;
    fn deref(&self) -> &T {
        // 安全性：このガードが存在すること自体が、
        // ロックを排他的に取得したことを保証する
        unsafe { &*self.lock.value.get() }
    }
}

impl<T> DerefMut for Guard<'_, T> {
    fn deref_mut(&mut self) -> &mut T {
        // 安全性：このガードが存在すること自体が、
        // ロックを排他的に取得したことを保証する
        unsafe { &mut *self.lock.value.get() }
    }
}
```

このGuard型に対して明示的にSendやSyncを実装しないと、コンパイラがフィールドに基づいて自動的に実装してくれる。この型のフィールドは&SpinLock<T>だけなので、コンパイラはSpinLock<T>がスレッド間で安全に共有できるならGuard<T>も安全に共有できるだろうと考える。しかし、上に示したように（unsafe）なDeref実装があるので、このGuard<T>は、スピンロック（SpinLock<T>）に対する参照としてではなく、値（T）に対する（排他的な）参照として振る舞う。

したがって、このGuardがTがSyncの場合にだけSyncになるように（そしてTがSendである場合にだけSendになるように）しなければならない。さもないと、複数のスレッドが間違って1つのGuard<T>を共有してしまい、その結果、TがSyncでなくても、同一のTに対してアクセスできてしまうからだ。

これを実現するにはいくつかの方法がある。最も簡単なのは、SendとSyncを正しい制約を付けて明示的に実装してしまうことだ。

```
unsafe impl<T> Send for Guard<'_, T> where T: Send {}
unsafe impl<T> Sync for Guard<'_, T> where T: Sync {}
```

Sendの実装は厳密には必要ない。&SpinLock<T>もTがSendのときのみSendになるからだ。

明示的にトレイトを実装する方法以外の方法としては、GuardにPhantomData<&mut T>フィールドを追加する方法が考えられる。こうすることで、この型がTへの排他的な参照のように振る舞うことを、コンパイラに知らせることができる。

別の方法として、Guardの&SpinLock<T>フィールドを&AtomicBoolと&mut Tとで置き換える方法も考えられる。これらのフィールドは、それぞれSpinLockのlockedとvalueを別々に参照する。こう書くと、コンパイラは&mut Tを見て、GuardのSendとSyncを正しく実装してくれる。

最後のステップとして、GuardにDropを実装し、unsafeなunlockメソッドを完全に削除できるようにする。

```
impl<T> Drop for Guard<'_, T> {
    fn drop(&mut self) {
        self.lock.locked.store(false, Release);
    }
}
```

これだけだ。DropトレイトとRustの型システムのおかげで、SpinLock型に完全に安全な（そして有用な）インターフェイスを与えることができた。

試してみよう。

```
fn main() {
    let x = SpinLock::new(Vec::new());
    thread::scope(|s| {
        s.spawn(|| x.lock().push(1));
        s.spawn(|| {
            let mut g = x.lock();
            g.push(2);
            g.push(2);
        });
    });
    let g = x.lock();
    assert!(g.as_slice() == [1, 2, 2] || g.as_slice() == [2, 2, 1]);
}
```

上のプログラムは、SpinLockが簡単に使えることを示している。DerefとDerefMutのおかげで、Vec::pushメソッドをガードに対して直接呼び出すことができる。さらにDropのおかげでアンロックを心配する必要もない。

drop(g)としてガードをドロップすることで、明示的にアンロックすることも可能だ。もしアンロックが早すぎたら、コンパイルエラーによってガードが機能していることを確認できる。例えば、上のコードで2つのpush(2)の間にdrop(g);を挿入したら、2つ目のpushはコンパイルできなくなる。この時点でgがドロップされているからだ。

```
error[E0382]: borrow of moved value: `g`
  --> src/lib.rs
   |
   |     drop(g);
   |          - value moved here
   |     g.push(2);
   |     ^^^^^^^^^ value borrowed here after move
```

Rustの型システムのおかげで、このような間違いはプログラムを実行する前に検出されるはずだ、と安心していられるのだ。

4.4 まとめ

- **スピンロック**は、ビジーループすなわちスピンによって待機するMutexである。
- スピンによってレイテンシは低下するが、計算機サイクルの浪費になり、性能を低下させる可能性がある。
- **スピンループ・ヒント**`std::hint::spin_loop()`はプロセッサにスピンループを行っていることを知らせるもので、スピンループの効率を向上できる場合がある。
- `SpinLock<T>`は、`AtomicBool` 1つと`UnsafeCell<T>` 1つで実装できる。後者は**内部可変性**（**「1.5 内部可変性」**）を実現するために必要となる。
- アンロックとロックの間に先行発生関係が必要だ。これによって**データ競合**を防ぎ、**未定義動作**を回避する。
- **Acquire/Releaseメモリオーダリング**は、この目的に完璧に適している。
- 未定義動作を避けるために、チェックできないような想定を置く必要がある場合には、その関数を`unsafe`にして、呼び出し側に責任を押し付けることができる。
- `Deref`トレイトと`DerefMut`トレイトを用いることで、参照のように動作し、他のオブジェクトへのアクセスを透過的に与える型を作ることができる。
- `Drop`トレイトを用いると、あるオブジェクトがドロップされた際、つまりスコープを抜けた場合や`drop()`された場合に何かをすることができる。
- **ロックガード**は、ロック状態にあるロックへの（安全な）アクセスを表現する特別な型を用いた、有用なデザインパターンである。このような型は通常、`Deref`トレイトによって参照のように振る舞い、`Drop`トレイトによって自動的にアンロックされる。

5章 チャネルの実装

チャネル（channel）はスレッド間でデータを送受信するために用いる機構で、さまざまなバリエーションがある。1送信者1受信者でしか使えないものもあるし、任意の数の送信スレッドから利用できるものもあるし、さらには複数の受信者で利用できるものもある。ブロッキングのもの、つまり受信が（場合によっては送信も）ブロッキング操作になっているものもある。この場合操作が終了するまでスレッドはブロックする。スループットに最適化されたものもあるしレイテンシに最適化されたものもある。

バリエーションは無限にあり、すべてのケースに適しているような実装はない。

本章では、いくつかの単純なチャネルを実装する。これはアトミックの用途を示すためだけではなく、我々の求めることや想定することをRustの型システムで表す方法を学ぶためでもある。

5.1 単純なMutexを用いたチャネル

基本的なチャネルの実装にはアトミックに関する知識は必要ない。実装には、VecDequeを用いて、これをMutexで保護して複数のスレッドからアクセスできるようにすればいい。VecDequeは基本的にはVecと似たもので、先頭と末尾の双方に効率的に要素を追加/削除できる。次に、VecDequeを送信されていていまだ受信されていないデータ（**メッセージ**とも呼ばれる）のキューとして用いる。メッセージを送信したいスレッドは、キューの末尾にメッセージを追加し、メッセージを受信したいスレッドは、キューの先頭からメッセージを削除して取り出す。

もう1つ、受信操作をブロッキングにするために追加しなければならないものがある。新しいメッセージを待っている受信スレッドに通知を送るためのCondvar（「**1.8.2 条件変数**」を参照）だ。

この実装はとても短く、比較的わかりやすい。

```
pub struct Channel<T> {
    queue: Mutex<VecDeque<T>>,
    item_ready: Condvar,
}

impl<T> Channel<T> {
    pub fn new() -> Self {
```

```
        Self {
            queue: Mutex::new(VecDeque::new()),
            item_ready: Condvar::new(),
        }
    }

    pub fn send(&self, message: T) {
        self.queue.lock().unwrap().push_back(message);
        self.item_ready.notify_one();
    }

    pub fn receive(&self) -> T {
        let mut b = self.queue.lock().unwrap();
        loop {
            if let Some(message) = b.pop_front() {
                return message;
            }
            b = self.item_ready.wait(b).unwrap();
        }
    }
}
```

SendトレイトやSyncトレイトについて考えずに済んでいることに注意しよう。コンパイラがMutexのインターフェイスとそれが保証することを理解し、さらに暗黙にMutex<T>とCondvarがスレッド間で安全に共有できるなら、このChannel<T>も安全に共有できることを理解しているからだ。

send関数はMutexをロックしてから新しいメッセージをキューの末尾に追加し、キューをアンロックしてから条件変数を用いて待っているかもしれない受信者の1つに直接通知を送る。

receive関数もMutexをロックしてからキューの先頭から次のメッセージを取り出す。まだメッセージが書き込まれていなければ、条件変数を用いて待機する。

Condvar::waitは、待機している間はMutexをアンロックし、リターンする前に再度ロックすることを思い出そう。receive関数が待機している間、Mutexがロックされたままになっているわけではない。

このチャネルは任意の数の送信スレッドと受信スレッドを持つことができ、柔軟に使用できるが、その実装は多くの状況において最適から程遠い。受信すべきメッセージが大量にある場合でも、すべての送受信操作が他の送受信操作を短時間ブロックしてしまう。すべてのスレッドが同じMutexをロックしなければならないからだ。VecDeque::pushを行った際にVecDequeの容量をオーバーし、容量を増やさなければならなくなると、すべての送受信スレッドが、メモリの再確保を行うスレッドを待つことになる。これは場合によっては受け入れがたい。

このチャネルにはもう1つ望ましくない性質がある。このチャネルは際限なく伸びてしまう。受信者が処理できないような頻度で、送信者が連続して新しいメッセージを送信することを妨げるものが何もない。

5.2 unsafeなワンショットチャネル

チャネルの使用方法は事実上無限にある。とはいえ、本章のこれ以降では、特定の使用方法に焦点を当てる。あるスレッドから他のスレッドに1つだけメッセージを送る使用方法だ。このような使用方法に特化して設計されたチャネルを**ワンショットチャネル**と呼ぶ。

上に示したMutex<VecDeque>を用いた実装のVecDequeをOptionに変えて、キューの容量を1つだけに減らすこともできる。こうすればメモリ確保が行われることはないが、Mutexを使うことのデメリットは残る。これを避けるためにアトミックを使って、ワンショットチャネルを0から作ってみよう。

まず、インターフェイスには気を使わず、最小限のワンショットチャネルを実装してみる。本章の後半でインターフェイスを改良する方法を検討し、使うのが楽しくなるようなチャネルをRustの型システムを活用して構築する方法を説明する。

最初に必要となる道具は（**「4章　スピンロックの実装」**で実装した）SpinLock<T>の場合と同じで、データを保存するためのUnsafeCellが1つと、状態を示すAtomicBoolが1つだけだ。この場合アトミック真偽値は、メッセージが消費可能かどうかを示す。

メッセージが送られる前には、このチャネルは「空」であり、T型のメッセージを保持していない。セルの内容としてOption<T>を用いてTがなくても済むようにすることもできる。しかし、これでは価値あるメモリ空間の無駄使いになる。アトミック真偽値がメッセージがそこにあるのかどうかをすでに示しているからだ。この場合はOption<T>の代わりにstd::mem::MaybeUninit<T>を使うことができる。これは本質的にはOption<T>の裸のunsafeバージョンで、初期化されているかどうかはユーザが手動で管理しなければならない。この型は自分でチェックすることができないので、インターフェイスを構成するメソッドのほとんどすべてがunsafeとなっている。

これらをまとめると、この構造体定義の最初のバージョンは次のようになる。

```
use std::mem::MaybeUninit;

pub struct Channel<T> {
    message: UnsafeCell<MaybeUninit<T>>,
    ready: AtomicBool,
}
```

SpinLock<T>の場合と同様に、少なくともTがSendであれば、このチャネルをスレッド間で共有しても安全だということをコンパイラに示さなければならない。

```
unsafe impl<T> Sync for Channel<T> where T: Send {}
```

新しいチャネルは空なので、readyをfalseに設定しmessageは初期化されていない状態にする。

```
impl<T> Channel<T> {
    pub const fn new() -> Self {
        Self {
            message: UnsafeCell::new(MaybeUninit::uninit()),
            ready: AtomicBool::new(false),
        }
```

```
        }

        …
    }
```

メッセージを送るには、まずセルにメッセージを格納する。その後、readyフラグをtrueにして受信者に開放する。これを2回以上行うのは危険だ。readyフラグをセットしたらいつ受信者が読み込むかわからず、読み込みと2回目のメッセージ送信が競合するかもしれないからだ。とりあえず、このメソッドをunsafeにしてメモを残すことで、これを避けるのはユーザの責任ということにしよう。

```
        /// 安全性：1度しか呼んではいけない！
        pub unsafe fn send(&self, message: T) {
            (*self.message.get()).write(message);
            self.ready.store(true, Release);
        }
```

上のコードでは、UnsafeCell::getメソッドを用いてMaybeUninit<T>へのポインタを取得し、unsafeに参照解決して、MaybeUninit::writeを呼び出して初期化している。これは未定義動作を引き起こす可能性があるが、責任は呼び出し側に押し付ける。

メモリオーダリングについては、Releaseオーダリングを使う必要がある。このアトミックストアは実質的に、メッセージを受信者にリリースしているからだ。これによって、受信者のスレッドから見て、Acquireオーダリングで読み込んだself.readyがtrueであれば、メッセージの初期化が完了していると確信できる。

受信に関しては、とりあえずブロッキングインターフェイスを提供するのはやめておこう。ここでは2つのメソッドを提供する。1つはメッセージがあるかをチェックするメソッドで、もう1つはメッセージを受信するメソッドだ。ブロックはチャネルのユーザに任せる。ブロックしたいユーザはスレッドパーキング（**「1.8.1　スレッドパーキング」**）などの方法を使ってブロックすればいい。

この2つのメソッドで、このバージョンのチャネルは完成だ。

```
        pub fn is_ready(&self) -> bool {
            self.ready.load(Acquire)
        }

        /// 安全性：このメソッドは1度だけ呼ぶこと。
        /// また、is_ready()がtrueを返した場合にだけ呼ぶこと。
        pub unsafe fn receive(&self) -> T {
            (*self.message.get()).assume_init_read()
        }
```

is_readyは常に安全に呼び出すことができるが、receiveメソッドはMaybeUninit::assume_init_read()メソッドを使っているので安全ではない。このメソッドは、値が初期化されていることと、Copyでないオブジェクトのコピーを複数作らないことを想定しているからだ。sendの場合と同様にunsafeにすることで、ユーザに責任を押し付けている。

結果としてできたチャネルは技術的には使用可能だが、不格好で残念な代物になってしまっている。正しく使えば期待した通りに動くが、さまざまなわかりにくく間違った方法で使えてしまう。

sendを複数回呼び出すと、受信者が1つ目のメッセージを呼び出そうとしている間に2つ目の送信者が上書きしてしまい、データ競合が起こる。受信が適切に同期されていたとしても、複数のスレッドがsendを呼び出すと、2つのスレッドが並行してセルに書き出そうとするので、同様にデータ競合が起こる。また、複数回receiveを呼び出すと、TがCopyを実装しておらず安全にコピーできないものであっても、メッセージのコピーが複数できてしまう。

より微妙な問題として、このチャネルにはDrop実装がないことが挙げられる。MaybeUninit型は、初期化されているかどうかを管理していないので、この型をドロップしても中身は自動的にドロップされない。ということは、送信されたメッセージが受信されなかった場合には、永遠にドロップされないということだ。これは好ましくないので避けるべきだ。Rustでは一般にリークは安全だと考えられているが、それは別のリークによって引き起こされた場合に限る。例えば、Vecがリークするとその要素もリークするが、通常のVecの使い方の範囲ではリークは起こらない。

すべての責任をユーザに押し付けたので、不幸な事故が起こるのは時間の問題だ。

5.3 実行時チェックによる安全性

より安全なインターフェイスを構築するために、実行時にチェックを行い、誤った使い方をした際には明快なメッセージを出してパニックするようにしよう。その方が未定義動作よりはずっといい。

メッセージの準備ができる前にreceiveを呼び出してしまう問題から見ていこう。このケースは簡単で、receiveメソッドでメッセージを読み込む前にreadyフラグをチェックすればいい。

```
/// メッセージがなかったらパニックする
///
/// Tip：先に`is_ready`でチェックする
///
/// 安全性：1度しか呼んではいけない！
pub unsafe fn receive(&self) -> T {
    if !self.ready.load(Acquire) {
        panic!("no message available!");
    }
    (*self.message.get()).assume_init_read()
}
```

この関数は、ユーザが2回以上呼び出さないように注意しなければならないのでunsafeなままだが、is_ready()でチェックしなくても、未定義動作にはならなくなった。

receiveメソッド内でreadyフラグをAcquireロードするようになり、これで必要な同期が取れるようになったので、is_readyのメモリオーダリングをRelaxedに緩めることができる。このメソッドは値を示すだけで同期の役割は負わなくなったからだ。

```
    pub fn is_ready(&self) -> bool {
        self.ready.load(Relaxed)
    }
```

readyに対する**全変更順序**（**「3.4 Relaxedオーダリング」**参照）によってis_readyがtrueをロードしたら、receiveもtrueを観測することになることを思い出そう。is_readyがどのメモリオーダリングを使用していても、is_readyがtrueを返したのにreceive()がパニックを起こすことはない。

次に対処すべき問題は、receiveを複数回呼び出した場合だ。これも簡単にパニックするようにできる。receiveメソッドで、readyフラグをfalseにセットし直せばいい。

```
    /// メッセージがなければパニックする。
    /// メッセージがすでに読み込まれていてもパニックする。
    ///
    /// Tip：先に`is_ready`でチェックする。
    pub fn receive(&self) -> T {
        if !self.ready.swap(false, Acquire) {
            panic!("no message available!");
        }
        // 安全性：readyフラグを確認しリセットした
        unsafe { (*self.message.get()).assume_init_read() }
    }
```

loadをfalseへのswapで置き換えただけだが、これだけでreceiveメソッドはどのような状態で呼んでも完全に安全になる。この関数にはもはやunsafeは付いていない。ユーザにすべての責任を押し付けるのではなく、unsafeなコードの責任を引き受け、ユーザにかかるストレスを軽減した。

sendのほうは、もう少し面倒だ。複数のsendが同じセルを同時にアクセスすることを防ぐには、別のsendがすでに開始していることがわからなければならない。readyフラグで、別のsendが終了していることはわかるが、これでは不十分だ。

このチャネルが利用中であることを示すin_useという名前のフラグを追加しよう。

```
pub struct Channel<T> {
    message: UnsafeCell<MaybeUninit<T>>,
    in_use: AtomicBool, // New!
    ready: AtomicBool,
}

impl<T> Channel<T> {
    pub const fn new() -> Self {
        Self {
            message: UnsafeCell::new(MaybeUninit::uninit()),
            in_use: AtomicBool::new(false), // New!
            ready: AtomicBool::new(false),
        }
```

```
        }

        …
    }
```

これで、sendメソッドで、セルにアクセスする前にin_useをtrueにセットするようにすればいい。すでに別のスレッドによってtrueになっていた場合には、パニックするようにする。

```
    /// 2つ以上のメッセージを送信しようとしたらパニックする
    pub fn send(&self, message: T) {
        if self.in_use.swap(true, Relaxed) {
            panic!("can't send more than one message!");
        }
        unsafe { (*self.message.get()).write(message) };
        self.ready.store(true, Release);
    }
```

ここではアトミックなswap操作にRelaxedメモリオーダリングを用いることができる。変数in_useの**全変更順序**（**「3.4　Relaxedオーダリング」**参照）によって、in_useに対してfalseを返すswap操作は1つしかないことが保証されるからだ。つまり、sendがセルにアクセスを試みた場合だ。

これで完全に安全なインターフェイスができたが、まだ1つ問題が残っている。最後の問題は、送信されたメッセージが受信されなかった場合に起こる。このメッセージがドロップされないのだ。これで未定義動作が起こるわけではないし、safeなコードでも許されているのだが、明らかに避けるべき問題だ。

receiveメソッドの中でreadyフラグをリセットしているので、これを修正するのは簡単だ。readyフラグを見れば、まだ受信されていないのでドロップしなければならないメッセージがセルにあるかどうかがわかる。

ChannelのDrop実装でreadyフラグをチェックする際には、アトミック操作を用いる必要はない。オブジェクトがドロップされるのは、どのスレッドであれ1つのスレッドがそのオブジェクトを完全に所有していて、他に借用しているスレッドがない場合に限られるからだ。したがって、AtomicBool::get_mutメソッドを使うことができる。このメソッドはアトミックなアクセスが必要ないことの証明として、排他参照（&mut self）を引数として取る。同じことがUnsafeCellにも言えて、UnsafeCell::get_mutでアクセスすることができる。

これを用いると、我々の完全に安全でリークしないチャネルの最後のピースは次のように書ける。

```
impl<T> Drop for Channel<T> {
    fn drop(&mut self) {
        if *self.ready.get_mut() {
            unsafe { self.message.get_mut().assume_init_drop() }
        }
    }
}
```

試してみよう！

我々のChannelは（まだ）ブロッキングインターフェイスを提供していないので、手動でスレッドパーキングを用いてメッセージを待機しなければならない。受信スレッドはpark()を用いてメッセージがない間はずっと待機し続ける。送信スレッドは何かを送ったら受信スレッドをunpark()する。

完備したテストプログラムを下に示す。我々が実装したChannelを使って、2つ目のスレッドからメインスレッドに、リテラル"hello world!"を送っている。

```
fn main() {
    let channel = Channel::new();
    let t = thread::current();
    thread::scope(|s| {
        s.spawn(|| {
            channel.send("hello world!");
            t.unpark();
        });
        while !channel.is_ready() {
            thread::park();
        }
        assert_eq!(channel.receive(), "hello world!");
    });
}
```

このプログラムはコンパイルできるし、実行できるし、きれいに終了する。これで、我々のChannelが思った通りに動作していることがわかる。

sendの行をコピーして2行にして実行すると、安全チェックが動作し、下のようなパニックメッセージが出力される。

```
thread '<unnamed>' panicked at 'can't send more than one message!', src/main.rs
```

プログラムがパニックするのは好ましいことではないが、未定義動作の恐怖に近づくよりは、必ずパニックするようになっている方がはるかにいい。

チャネル状態を１つのアトミック変数で表す

まだチャネルの実装がし足りない読者のために、1バイトメモリを節約できる別バージョンを紹介しよう。

2つのアトミック真偽値を使ってチャネルの状態を表すのではなく、1つのAtomicU8を使って4つの状態すべてを表すのだ。アトミックに真偽値をスワップするのではなく、compare_exchangeを用いてアトミックに状態が望ましい状態かどうかをチェックすると同時に次の状態に遷移させる。

```
const EMPTY: u8 = 0;
const WRITING: u8 = 1;
const READY: u8 = 2;
```

```
const READING: u8 = 3;

pub struct Channel<T> {
    message: UnsafeCell<MaybeUninit<T>>,
    state: AtomicU8,
}

unsafe impl<T: Send> Sync for Channel<T> {}

impl<T> Channel<T> {
    pub const fn new() -> Self {
        Self {
            message: UnsafeCell::new(MaybeUninit::uninit()),
            state: AtomicU8::new(EMPTY),
        }
    }

    pub fn send(&self, message: T) {
        if self.state.compare_exchange(
            EMPTY, WRITING, Relaxed, Relaxed
        ).is_err() {
            panic!("can't send more than one message!");
        }
        unsafe { (*self.message.get()).write(message) };
        self.state.store(READY, Release);
    }

    pub fn is_ready(&self) -> bool {
        self.state.load(Relaxed) == READY
    }

    pub fn receive(&self) -> T {
        if self.state.compare_exchange(
            READY, READING, Acquire, Relaxed
        ).is_err() {
            panic!("no message available!");
        }
        unsafe { (*self.message.get()).assume_init_read() }
    }
}

impl<T> Drop for Channel<T> {
    fn drop(&mut self) {
        if *self.state.get_mut() == READY {
            unsafe { self.message.get_mut().assume_init_drop() }
        }
    }
}
```

5.4 型による安全性

我々のChannelのユーザを未定義動作から守ることはできたが、使い方を間違えるとパニックが起きる可能性はまだある。コンパイラがチェックして、実行する前に誤りを教えてくれれば理想的だ。

sendとreceiveを2回以上呼び出してしまう問題を考えてみよう。

ある関数が複数回呼び出されることを防ぐには、引数を**値渡し**で取るようにすればいい。非Copy型に関しては、これでオブジェクトが消費される。オブジェクトが消費されれば（移動されれば）、呼び出し側からは消えるので、もう一度使うことはできない。

sendやreceiveを呼び出す能力を別々の非Copyな型で表せば、これらの操作でオブジェクトが消費されるので、1度しか呼び出されないことを保証できる。

このように考えると、下に示すようなインターフェイスが設計できる。チャネルをChannel型1つで表すのではなく、対となるSenderとReceiverで表現するのだ。これらの型のメソッドはselfを値で受け取る。

```
pub fn channel<T>() -> (Sender<T>, Receiver<T>) { … }

pub struct Sender<T> { … }
pub struct Receiver<T> { … }

impl<T> Sender<T> {
    pub fn send(self, message: T) { … }
}

impl<T> Receiver<T> {
    pub fn is_ready(&self) -> bool { … }
    pub fn receive(self) -> T { … }
}
```

ユーザはまず、channel()でチェネルを作成し、作成したチャネルからSenderとReceiverを取得する。ユーザは、これらのオブジェクトを自由に持ち回れるし、他のスレッドに渡すこともできる。ただし、複数のコピーを作ることはできない。これによって、sendやreceiveが1回しか呼び出されないことを保証する。

これを実装するには、UnsafeCellとAtomicBoolを格納する場所が必要になる。以前の実装では、これらのフィールドを持つ単一の構造体だったが、いまでは別々の構造体になっていて、どちらが長く生きるかわからない。

SenderとReceiverがこれらの変数の所有権を共有しなければならないので、参照カウントされたメモリ上の場所であるArc（**「1.3.3 参照カウント」**）を用い、ここに共有されるChannelオブジェクトを格納する。下に示すように、Channel型はパブリックである必要はない。この型の存在は実装上の細部であり、ユーザには関係ないからだ。

```
pub struct Sender<T> {
    channel: Arc<Channel<T>>,
}
```

```
pub struct Receiver<T> {
    channel: Arc<Channel<T>>,
}

struct Channel<T> { // `pub` でなくなった
    message: UnsafeCell<MaybeUninit<T>>,
    ready: AtomicBool,
}

unsafe impl<T> Sync for Channel<T> where T: Send {}
```

以前と同様に、TがSendであるという条件のもとにChannel<T>をSyncにし、スレッド間で共有できるようにする。

以前のチャネル実装にあったアトミック真偽値in_useが必要なくなったことに注意しよう。この変数は、sendが2回以上呼び出されないようにするためのチェックに必要だったのだが、この実装では型システムによって静的に保証されるようになったので不要になったのだ。

channel関数は、チャネルを作り、SenderとReceiverのペアを作る。これは、以前のChannel::newと似ているが、ChannelをArcでラップし、そのArcとそのクローンをSenderとReceiverでラップしている。

```
pub fn channel<T>() -> (Sender<T>, Receiver<T>) {
    let a = Arc::new(Channel {
        message: UnsafeCell::new(MaybeUninit::uninit()),
        ready: AtomicBool::new(false),
    });
    (Sender { channel: a.clone() }, Receiver { channel: a })
}
```

send、is_ready、receiveは基本的には以前の実装と同じだが、一部が異なる。

- (1つの) Senderだけがsendでき、(1つの) Receiverだけがreceiveできるように、それぞれの型にメソッドを移した。
- sendとreceiveはselfを参照ではなく値として受け取るようになった。これによって、1度しか呼ばれないことを保証している。
- sendはパニックすることはなくなった。(1度しか呼び出されないという) 前提条件が静的に保証されるようになったからだ。

コードは以下のようになる。

```
impl<T> Sender<T> {
    /// このメソッドはパニックしない :)
    pub fn send(self, message: T) {
        unsafe { (*self.channel.message.get()).write(message) };
        self.channel.ready.store(true, Release);
    }
}
```

```
impl<T> Receiver<T> {
    pub fn is_ready(&self) -> bool {
        self.channel.ready.load(Relaxed)
    }

    pub fn receive(self) -> T {
        if !self.channel.ready.swap(false, Acquire) {
            panic!("no message available!");
        }
        unsafe { (*self.channel.message.get()).assume_init_read() }
    }
}
```

receive関数はパニックする可能性がある。is_ready()がtrueを返すようになるよりも前に、ユーザが呼び出してしまう可能性があるからだ。また、readyフラグをloadするのではなくswapでfalseに戻すことで、ChannelのDrop実装がドロップするべき読み込まれていないメッセージがあることがわかるようにしている。

Dropの実装は以前のものと全く同じだ。

```
impl<T> Drop for Channel<T> {
    fn drop(&mut self) {
        if *self.ready.get_mut() {
            unsafe { self.message.get_mut().assume_init_drop() }
        }
    }
}
```

Sender<T>もしくはReceiver<T>がドロップされると、Arc<Channel<T>>のDropの実装が保持しているメモリ領域への参照カウントをデクリメントする。2回目のDropが呼び出されると、カウンタはゼロになりChannel<T>そのものもドロップされる。すると、上に示したDropの実装が呼び出され、送信されたが受信されていないメッセージがあれば、それもドロップされる。

試してみよう。

```
fn main() {
    thread::scope(|s| {
        let (sender, receiver) = channel();
        let t = thread::current();
        s.spawn(move || {
            sender.send("hello world!");
            t.unpark();
        });
        while !receiver.is_ready() {
            thread::park();
        }
        assert_eq!(receiver.receive(), "hello world!");
    });
}
```

いまだにメッセージを待機するのにスレッドパーキングを書かなければならないのはやや不便だが、この問題に関しては後で対処する。

ここでの目的は、少なくとも1つの誤使用をコンパイル時に不可能にすることだ。以前の実装と異なり、今度はsendを2回行おうとすると実行時にパニックが起こるのではなく、プログラムとして有効でなくなる。上に示したちゃんと動作するプログラムにsendを追加してみると、今度はコンパイラが問題を認識して、忍耐強く間違いを指摘してくれる。

```
error[E0382]: use of moved value: `sender`
  --> src/main.rs
   |
   |            sender.send("hello world!");
   |                   --------------------
   |                    `sender` moved due to this method call
   |
   |            sender.send("second message");
   |            ^^^^^^ value used here after move
   |
note: this function takes ownership of the receiver `self`, which moves `sender`
  --> src/lib.rs
   |
   |    pub fn send(self, message: T) {
   |                ^^^^
   = note: move occurs because `sender` has type `Sender<&str>`,
           which does not implement the `Copy` trait
```

状況によっては、コンパイル時に問題を見つけられるようなインターフェイスを設計するのは非常に難しい場合もある。しかし状況が許すなら、そのようなインターフェイスはユーザにとって便利なだけでなく、実行時チェックの回数を減らすことに繋がる。静的に保証されるからだ。例えば、この実装ではin_useフラグが不要になったし、sendメソッドでswapを使ってチェックする必要がなくなった。

残念ながら、実行時のオーバヘッドが増大する場合もある。この場合では、所有権の分割が問題で、Arcを用いてメモリを確保するコストを払わなければならなかった。

安全性、便宜性、柔軟性、簡潔性、性能のトレードオフを取らなければならないのは残念なことだが、避けられない場合もある。Rustはこれらすべてを容易に同時に達成できるようにしようとしているのだが、あるものを最大化するために別のものを犠牲にしなければならない場合もある。

5.5　借用を用いてメモリ確保を避ける

上で設計したArcを用いたチャネル実装は使いやすいが、性能を犠牲にしていた。メモリを確保しているからだ。効率の点で最適化するならば、性能のために便宜性をある程度犠牲にして、Channelオブジェクトの共有をユーザの責任にする方法がある。Channelのメモリ確保と所有権管理を舞台裏で行わずに、Channelの作成をユーザに行わせ、このChannelからSenderとReceiverを借用させる。こうすれば、ユーザはメモリ確保のオーバヘッドを避けるためにChannelをローカル変数に置くことを選択できる。

この方法では、簡潔性も犠牲にしなければならない。借用と生存期間を扱わなければならないからだ。

3つの型は以下のようになる。Channelは再度パブリックになり、SenderとReceiverはChannelをある一定期間借用する。

```
pub struct Channel<T> {
    message: UnsafeCell<MaybeUninit<T>>,
    ready: AtomicBool,
}

unsafe impl<T> Sync for Channel<T> where T: Send {}

pub struct Sender<'a, T> {
    channel: &'a Channel<T>,
}

pub struct Receiver<'a, T> {
    channel: &'a Channel<T>,
}
```

(Sender, Receiver)ペアを作るchannel()関数をやめて、以前の実装にあったChannel::newを復活させた。ユーザがこのオブジェクトをローカル変数として作成できるようにするためだ。

さらに、Channelを借用するSenderオブジェクトとReceiverオブジェクトを作成する方法が必要だ。これには、排他的借用（&mut Channel）が必要になる。同じチャネルに対して複数のSenderとReceiverを作れないことを保証するためだ。SenderとReceiverを同時に提供することで、排他借用を2つの共有借用に**分割**することができる。SenderとReceiverだけがチャネルを参照でき、他の誰もこのチャネルに触れないようにする。

こう考えると、以下のような実装になる。

```
impl<T> Channel<T> {
    pub const fn new() -> Self {
        Self {
            message: UnsafeCell::new(MaybeUninit::uninit()),
            ready: AtomicBool::new(false),
        }
    }

    pub fn split<'a>(&'a mut self) -> (Sender<'a, T>, Receiver<'a, T>) {
        *self = Self::new();
        (Sender { channel: self }, Receiver { channel: self })
    }
}
```

splitメソッドのシグネチャはやや複雑なので、詳しく見ていこう。排他参照を通じてself排他借用し、2つの共有参照に分割してSender型とReceiver型でラップしている。生存期間'aによってこれらのオブジェクトが、限られた生存期間の間だけ借用することを明確にしている。この場合の生存期間はChannelそのものの生存期間だ。Channelが排他的に借用されているので、SenderとReceiverが存在する限り、呼び出し側は借用したり移動したりすることができない。

ただし、これらのオブジェクトがなくなれば、排他借用が無効になるので、コンパイラはChannelオブジェクトの再度の借用を許すようになるので、もう一度split()を呼ぶことができる。SenderとReceiverが生きている間は、split()が呼び出されることはないと思ってよいが、これらのオブジェクトがドロップもしくはフォーゲットされた後は、split()が再度呼び出されることを妨げることはできない。すでにreadyフラグが設定されているチャネルに対して、新たなSenderやReceiverを誤って作成することがないようにしなければならない。そうしないと未定義動作を防ぐための想定に反するからだ。

split()で、新たな空のチャネルを作って*selfを上書きすることで、SenderとReceiverを作る際に、想定している通りの状態になっていることを保証している。これによって古い*selfに対してDropの実装が実行されるので、送信されたが受信されていないメッセージもドロップされる。

splitのシグネチャで用いている生存期間はselfに由来するものなので、この場合は省略できる。上に示したsplitのシグネチャは、以下の単純なバージョンと完全に同じだ。

```
pub fn split(&mut self) -> (Sender<T>, Receiver<T>) { … }
```

このバージョンでは、返されるselfを借用するオブジェクトの生存期間が明示されていないが、生存期間を明示した場合と全く同じように、生存期間が正しく使われていることをコンパイラがチェックしてくれる。

その他のメソッドとDropの実装はArcの場合とほとんど同じだが、SenderとReceiverに生存期間を'_で指定する（書き忘れたら、コンパイラが追加するように教えてくれる）。

完全を期すために、コードを下に示す。

```
impl<T> Sender<'_, T> {
    pub fn send(self, message: T) {
        unsafe { (*self.channel.message.get()).write(message) };
        self.channel.ready.store(true, Release);
    }
}

impl<T> Receiver<'_, T> {
    pub fn is_ready(&self) -> bool {
        self.channel.ready.load(Relaxed)
    }

    pub fn receive(self) -> T {
        if !self.channel.ready.swap(false, Acquire) {
            panic!("no message available!");
        }
        unsafe { (*self.channel.message.get()).assume_init_read() }
    }
}
```

```
impl<T> Drop for Channel<T> {
    fn drop(&mut self) {
        if *self.ready.get_mut() {
            unsafe { self.message.get_mut().assume_init_drop() }
        }
    }
}
```

試してみよう。

```
fn main() {
    let mut channel = Channel::new();
    thread::scope(|s| {
        let (sender, receiver) = channel.split();
        let t = thread::current();
        s.spawn(move || {
            sender.send("hello world!");
            t.unpark();
        });
        while !receiver.is_ready() {
            thread::park();
        }
        assert_eq!(receiver.receive(), "hello world!");
    });
}
```

Arcを用いたバージョンと比較して、便宜性の低下は非常に小さい。Channelオブジェクトを1行追加して作成しているだけだ。ただし、スコープの前でチャネルを作成していることに注意しよう。これによってコンパイラに対して、チャネルがSenderやReceiverよりも長生きすることを示している。

コンパイラの借用チェッカが動作することを確認したければ、あちこちにchannel.split()を追加してみるとよい。スレッドスコープ内に追加するとエラーになるが、スコープ外に追加するのは問題ないことがわかる。スコープよりも前に書いても大丈夫だ。ただし、返されたSenderとReceiverをスコープが始まる前にドロップしなければならない。

5.6 ブロッキング

我々のChannelに残った最後の大きな不便な点を解消しよう。ブロッキングインターフェイスがないことだ。新しいチェネルのバリエーションを作るたびにスレッドパーキングを用いてテストしてきた。このパターンをチャネルそのものに統合するのはそれほど難しくないはずだ。

受信者をアンパークするには、送信者はアンパークするスレッドを知っていなければならない。std::thread::Thread型がスレッドへのハンドルを表す型であり、この型に対してunpark()を呼び出せばいい。次のようにして、受信スレッドのハンドルをSenderオブジェクト内部に保持することができる。

```
use std::thread::Thread;

pub struct Sender<'a, T> {
    channel: &'a Channel<T>,
    receiving_thread: Thread, // New!
}
```

しかし、Receiverオブジェクトをスレッド間で送受信すると、このハンドルが指しているスレッドが間違っていることになるかもしれない。Senderからは、Receiverが別のスレッドに移動したことがわからないので、もともとReceiverを保持していたスレッドを参照し続けることになる。

Receiverに制約を与えることで、この問題を解決できる。Receiverをスレッド間で送受信できないようにすればいい。**「1.6 スレッド安全性：SendとSync」**で説明したように、特殊なマーカ型であるPhantomDataを構造体に使用することで、この制約を追加できる。これにはPhantomData<*const ()>を追加すればいい。*const ()などの生ポインタはSendを実装していないからだ。

```
pub struct Receiver<'a, T> {
    channel: &'a Channel<T>,
    _no_send: PhantomData<*const ()>, // New!
}
```

次に、Channel::splitメソッドを変更して、この新しいフィールドを使うようにする。

```
    pub fn split<'a>(&'a mut self) -> (Sender<'a, T>, Receiver<'a, T>) {
        *self = Self::new();
        (
            Sender {
                channel: self,
                receiving_thread: thread::current(), // New!
            },
            Receiver {
                channel: self,
                _no_send: PhantomData, // New!
            }
        )
    }
```

現在のスレッドのハンドルをreceiving_threadフィールドに与えている。リターンするReceiverオブジェクトは現在のスレッドに留まることになるからだ。

sendメソッドはあまり変わらない。receiving_threadに対してunpark()を呼び出して、待機しているReceiverがあればそれを起こしているだけだ。

```
impl<T> Sender<'_, T> {
    pub fn send(self, message: T) {
        unsafe { (*self.channel.message.get()).write(message) };
        self.channel.ready.store(true, Release);
        self.receiving_thread.unpark(); // New!
    }
}
```

receive関数はもう少し大きく変更しなければならない。新しいバージョンはメッセージがなくてもパニックしないが、その代わり辛抱強くthread::park()を用いて、必要なだけメッセージを待機しなければならない。

```
impl<T> Receiver<'_, T> {
    pub fn receive(self) -> T {
        while !self.channel.ready.swap(false, Acquire) {
            thread::park();
        }
        unsafe { (*self.channel.message.get()).assume_init_read() }
    }
}
```

thread::park()はunpark()が呼び出されなくてもリターンすることがありうることを思い出そう（sendメソッド以外の誰かがunpark()を呼び出すこともありうる）。したがって、park()がリターンしてきてもreadyフラグがセットされていると仮定できない。このためパーク解除されたら、フラグをチェックしてループするようにしなければならない。

Channel<T>構造体、そのSync実装、new関数、Drop実装はこれまでと同じだ。

試してみよう！

```
fn main() {
    let mut channel = Channel::new();
    thread::scope(|s| {
        let (sender, receiver) = channel.split();
        s.spawn(move || {
            sender.send("hello world!");
        });
        assert_eq!(receiver.receive(), "hello world!");
    });
}
```

少なくともこの小さなサンプルコードでは、新しいChannelの方が以前のものよりも明らかに便利だ。便宜性のために柔軟性を犠牲にしなければならなかった。この実装ではsplit()を呼んだスレッドしかreceive()できない。sendとreceiveを入れ替えたらコンパイルできなくなる。使い方によっては全く問題ない場合もあるだろうし、非常に不便になる場合もあるだろう。

この問題に対処する方法はたくさんあるが、その多くは複雑性を増大させ、性能に影響する。追求できるバリエーションとトレードオフの数は、事実上無限だ。

想像上の使用法に最適化された少しずつ性質の違うワンショットチャネルのバリエーションをあと20個ほど作って、時間を不健康に費やすことは簡単だ。それも楽しそうだが、うさぎ穴に入っていくようなこと[※1]は避けて、収集がつかなくなる前に本章を終えた方がよさそうだ。

5.7 まとめ

- **チャネル**はスレッド間で**メッセージ**を送受信するために用いられる。
- 単純で柔軟だが、場合によっては非効率になってしまうチャネルであれば、比較的簡単にMutexとCondvarだけで実装できる。
- **ワンショットチャネル**はメッセージを1つだけしか送れないように設計されたチャネルである。
- MaybeUninit<T>型は、まだ初期化されていない可能性があるTを表すために用いられる。この型のインターフェイスはほとんどがunsafeなので、初期化されているかを管理し、非Copyデータを複製しないようにし、必要に応じて中身をドロップするのは、ユーザの責任になる。
- あるオブジェクトをドロップしないこと（**リーク**もしくは**フォーゲット**と呼ばれる）は安全だが、理由もなくリークすることは好ましくない。
- 安全なインターフェイスを構築する上でパニックは重要な道具だ。
- 何らかの動作を2回以上しないようにするためには、Copyでないオブジェクトを値で引数に取る方法を使う。
- 排他的借用と、借用の分離は、正しさを強制するための強力な道具だ。
- あるオブジェクトが同じスレッドに留まることを保証するには、その型がSendを実装しないようにすればいい。これは、マーカ型のPhantomDataを使用すれば実現できる。
- すべての設計上、実装上の決定にはトレードオフが伴う。正しく決定するには特定の使用方法を想定することだ。
- 特定の使用方法を想定しないで何かを設計するのは、楽しいし教育的な意義はあるだろうが、きりがない。

※1　訳注：「うさぎ穴に入る」には「不思議な国のアリス」に由来する「理不尽な迷宮に迷い込む」という含意がある。

6章 Arcの実装

「1.3.3 参照カウント」で、参照カウントを用いて共有所有を実現するstd::sync::Arc<T>について説明した。Arc::new関数はBox::newと同様にメモリを新たに確保する。しかしBoxとは異なり、Arcをクローンすると、新しくメモリを確保せずに、元の領域を共有する。この共有されたメモリ領域は、Arcとそのすべてのクローンがドロップされた際にだけドロップされる。

この型の実装に関連して考えなければならないメモリオーダリングは非常に興味深い。本章では、独自のArc<T>を実装することで、理論から実践に重心を移す。まず基本的なバージョンを作成し、次に循環構造をサポートできるように**weakポインタ**を用いたバージョンを作る。そして最後には、最適化されたバージョンを作る。この最後のバージョンは、標準ライブラリの実装とほぼ同じになる。

6.1 基本的な参照カウント

最初のバージョンの参照カウントは、1つのメモリ領域を共有するArcオブジェクトの数をカウントするためにAtomicUsizeを1つ使う。まず、このカウンタとTオブジェクトを保持する構造体を定義しよう。

```
struct ArcData<T> {
    ref_count: AtomicUsize,
    data: T,
}
```

この構造体がパブリックでないことに気を付けよう。これは我々のArcの内部実装で外からは見えない。

次に、Arc<T>構造体そのものを考えよう。これは実質的にはArcData<T>オブジェクトへの（共有）ポインタにすぎない。

標準のBoxを使ってヒープ上のArcData<T>を管理するようにして、Box<ArcData<T>>のラッパとして実装したくなるかもしれない。しかし、Boxが表すのは排他所有であって、共有所有ではない。普通の参照を使うわけにはいかない。誰かが所有しているものを単に借用しようというわけではないし、生存期間（Arcの最後のクローンがドロップされるまで）をRustの生存期間で直接表現できないからだ。

この型では、ポインタを用いてメモリ領域を操作し、所有権という概念を明示的に扱う。したがって、*mut Tや*const Tではなく、std::ptr::NonNull<T>を用いる。この型はヌルにはならない型Tへのポインタを表す。これを用いると、Option<Arc<T>>のサイズがArc<T>と同じになる。ヌルポインタを使ってNoneを表すことができるからだ。

```
use std::ptr::NonNull;

pub struct Arc<T> {
    ptr: NonNull<ArcData<T>>,
}
```

参照やBoxに関しては、どのようなTに対してSendやSyncになるかを、コンパイラが自動的に判断してくれる。しかし、生ポインタやNonNullを用いると、明示的に指示しない限り、コンパイラは保守的にSendやSyncではないと判断する。

Arc<T>をスレッド間で送受信すると、Tオブジェクトをスレッド間で共有することになるのでTはSyncでなければならない。同様に、Arc<T>をスレッド間で送受信すると、送信先のスレッドがTをドロップする可能性があり、実質的にTをそのスレッドに送ったのと同じことになる。したがって、TはSendでなければならない。つまり、Arc<T>はTがSendでかつSyncであるときにだけ、Sendとならなければならない。全く同じことがSyncにも言える。共有された&Arc<T>から、新しいArc<T>をクローンできるからだ。

```
unsafe impl<T: Send + Sync> Send for Arc<T> {}
unsafe impl<T: Send + Sync> Sync for Arc<T> {}
```

Arc<T>::newでは、ArcData<T>を新たにメモリ上に確保し、参照カウントを1に設定する。メモリ領域の確保にはBox::newを用い、Box::leakでこの領域への排他的な所有権を放棄し、NonNull::fromでポインタに変換する。

```
impl<T> Arc<T> {
    pub fn new(data: T) -> Arc<T> {
        Arc {
            ptr: NonNull::from(Box::leak(Box::new(ArcData {
                ref_count: AtomicUsize::new(1),
                data,
            }))),
        }
    }

    …
}
```

Arcオブジェクトが存在する限り、このポインタが常に有効なArcData<T>を指していることがわかっている。しかし、コンパイラにはそれがわからないしチェックすることもできないので、ポインタを通じてArcDataにアクセスするコードはunsafeにしなければならない。これから何度も行うことになるので、ArcからArcDataを取り出すプライベートなヘルパ関数を追加しよう。

```
fn data(&self) -> &ArcData<T> {
    unsafe { self.ptr.as_ref() }
}
```

この関数を使って、Derefトレイトを実装して、Arc<T>がTへの参照のように振る舞うようにしよう。

```
impl<T> Deref for Arc<T> {
    type Target = T;

    fn deref(&self) -> &T {
        &self.data().data
    }
}
```

DerefMutを実装していないことに注意しよう。Arc<T>は共有所有を表しているので、無条件に&mut Tを与えることはできないからだ。

次はCloneの実装だ。クローンされたArcは同じポインタを使う。その前に参照カウントをインクリメントする。

```
impl<T> Clone for Arc<T> {
    fn clone(&self) -> Self {
        // TODO: オーバフローの処理
        self.data().ref_count.fetch_add(1, Relaxed);
        Arc {
            ptr: self.ptr,
        }
    }
}
```

ここで参照カウンタをインクリメントする際にはRelaxedメモリオーダリングを用いることができる。このアトミック操作よりも厳密に「前に」もしくは「後に」起こらなければならない他の変数に対する操作はないからだ。中身のTに対してはclone操作よりも前から（元のArcを通じて）アクセスできていたが、それはこの操作の後も変わらない（ただし、少なくとも2つのArcを通じてアクセスできるようになった）。

Arcのカウンタをオーバフローさせるには大量にクローンしなければならないが、ループの中でstd::mem::forget(arc.clone())とすればできなくはない。**「2.2.3 例：IDの発行」**と**「2.3.1 例：オーバフローのないIDの発行」**でいくつかの手法を説明したが、そのいずれでもこの問題を解決できる。

通常の（オーバフローしない）場合の動作を可能な限り効率的にするために、元のfetch_addはそのままにし、オーバフローに不快なほど近くなったらプロセス全体をアボートするようにする。

```
        if self.data().ref_count.fetch_add(1, Relaxed) > usize::MAX / 2 {
            std::process::abort();
        }
```

プロセスのアボートは即時にできるわけではなく、別のスレッドがArc::cloneをもう一度呼び出して、参照カウンタをさらにインクリメントしてしまう時間があるかもしれない。したがって、上のコードでの条件チェック対象をusize::MAX - 1とするのでは十分でない。だが、usize::MAX / 2を限界値とするのはうまくいく。すべてのスレッドが最低でも2バイトのメモリを必要とすると仮定すると、usize::MAX / 2個のスレッドが同時に存在することはできないからだ。

クローン時にカウンタをインクリメントしたのと同様に、Arcがドロップされた際にはデクリメントしなければならない。カウンタが1から0になるのを観測したスレッドは、最後のArc<T>がドロップされたことがわかるので、ArcData<T>のメモリを解放する義務を負う。

Box::from_rawを使ってそのメモリ領域への排他所有権を取得し、即座にdrop()でドロップする。

```
impl<T> Drop for Arc<T> {
    fn drop(&mut self) {
        // TODO: メモリオーダリング
        if self.data().ref_count.fetch_sub(1, …) == 1 {
            unsafe {
                drop(Box::from_raw(self.ptr.as_ptr()));
            }
        }
    }
}
```

この操作では、Relaxedオーダリングは使えない。ドロップする際には、他の誰かがまだアクセスしていたりしないことを確実にしたいからだ。つまり、それ以前に起こったArcクローンのドロップすべてが、最後のドロップに対して先行発生関係になければならない。したがって最後のfetch_subがそれ以前のすべてのfetch_sub操作と先行発生関係を結ぶ必要がある。これには、Release/Acquireオーダリングを使うことができる。2から1へのデクリメント操作がデータをReleaseし、1から0へのデクリメント操作がデータの所有権をAcquireする。

これらの双方をカバーするためにAcqRelメモリオーダリングを使うこともできる。しかし、Acquireが必要なのは最後に0にデクリメントする場合だけで、それ以外のところではReleaseで事足りる。効率のため、fetch_sub操作はReleaseだけにし、必要な場合にだけ独立したAcquireフェンスを使おう。

```
        if self.data().ref_count.fetch_sub(1, Release) == 1 {
            fence(Acquire);
            unsafe {
                drop(Box::from_raw(self.ptr.as_ptr()));
            }
        }
```

6.1.1 テスト

Arcが意図した通りに動作していることをテストするには、ドロップされたことがわかる特別なオブジェクトを保持したArcを作るユニットテストを書けばいい。

```
#[test]
fn test() {
    static NUM_DROPS: AtomicUsize = AtomicUsize::new(0);

    struct DetectDrop;

    impl Drop for DetectDrop {
        fn drop(&mut self) {
            NUM_DROPS.fetch_add(1, Relaxed);
        }
    }

    // 文字列とDetectDropを保持するオブジェクトを共有する
    // Arcを2つ作る。DetectDropでいつドロップされたかわかる
    let x = Arc::new(("hello", DetectDrop));
    let y = x.clone();

    // xをもう1つのスレッドに送り、そこで使う
    let t = std::thread::spawn(move || {
        assert_eq!(x.0, "hello");
    });

    // 同時にyはこちらで使えるはず
    assert_eq!(y.0, "hello");

    // スレッドが終了するのを待機
    t.join().unwrap();

    // Arc xはここまででドロップされているはず
    // まだyがあるので、オブジェクトはまだドロップされない
    assert_eq!(NUM_DROPS.load(Relaxed), 0);

    // 残った`Arc`をドロップ
    drop(y);

    // `y`もドロップしたので、オブジェクトもドロップされたはず
    assert_eq!(NUM_DROPS.load(Relaxed), 1);
}
```

このコードはうまくコンパイルでき、実行もできる。我々のArcは意図した通り動いているようだ。これには勇気づけられるが、実装が完全に正しいことが保証されたわけではない。より強く確信したければ、多数のスレッドを用いた長時間のストレステストを行うといいだろう。

Miri

Miriを使ってテストを実行するのも有効だ。Miriはまだ実験段階だが、unsafeコードをチェックする有用で強力なツールで、さまざまな形の未定義動作をチェックできる。

Miriは、Rustコンパイラが出力する中レベルの中間表現を用いるインタプリタだ。つまり、Miriはネイティブなプロセッサ命令にコンパイルせず、型や生存時間などの情報がまだ残っている段階でコードを解釈する。このため、Miri上でのプログラム実行は、普通にコンパイルして実行するのに比べると大幅に遅い。しかし、未定義動作になりうるさまざまなミスを検出できる。

データ競合の検出も実験的にサポートされている。これを用いるとメモリオーダリングの問題も検出できる。

Miriの詳細と使い方についてはプロジェクトのGitHubページ（https://oreil.ly/4V0Ra）を見てほしい。

6.1.2 更新

先ほど述べたように、このArcにDerefMutを実装することはできない。他のArcオブジェクトを通じてアクセスされるかもしれないので、無条件にデータへの排他アクセス（&mut T）を約束するわけにはいかないからだ。

しかし、条件を付ければできる。参照カウントが1で、他のArcオブジェクトが同じデータにアクセスできないことを保証できれば、&mut Tを与えるメソッドを作ることはできる。

この関数（get_mutと呼ぶ）は、引数として&mut Selfを受け取る。これによって、同じArcを使って誰かがTにアクセスすることがないことを保証する。Arcが1つしかないことをチェックしても、そのArcが共有されていたら意味がないからだ。

ここではAcquireメモリオーダリングを用いる必要がある。Arcのクローンをかつて所有していたスレッドがデータにアクセスできない状態であることを保証するためだ。参照カウントが1になるに至るまでのすべてのdropに対して先行発生関係を結ぶ必要がある。

これが問題になるのは参照カウンタが実際に1だった場合に限られる。それ以上の値であれば、&mut Tを返さないので、メモリオーダリングは関係ない。したがって、Relaxedロードと条件付きAcquireフェンスを使えばいい。

```
pub fn get_mut(arc: &mut Self) -> Option<&mut T> {
    if arc.data().ref_count.load(Relaxed) == 1 {
        fence(Acquire);
        // 安全性：Arcは1つしかないので、他の何もデータにアクセスできない。
        // そのArcに対してこのスレッドが排他アクセス権限を持っている。
        unsafe { Some(&mut arc.ptr.as_mut().data) }
    } else {
        None
    }
}
```

この関数はselfを引数として取らず、通常のarcという名前の引数を取る。したがって、a.get_mut()のように呼ぶことはできず、Arc::get_mut(&mut a)のように呼び出さなければならない。Derefを実装した型では、内部のTが似たような名前のメソッドを持っていると曖昧になるので、このように通常の引数にした方がいい。

返された可変参照は、引数から生存期間を暗黙に借用している。つまり、返された&mut Tがあるうちは、もとのArcを使うことは誰にもできない。これで安全に変更できる。

&mut Tの生存期間が尽きたら、Arcが再び使用できるようになり、他のスレッドと共有することもできるようになる。後でデータをアクセスする際にメモリオーダリングの心配をしなくていいのか疑問に思うかもしれない。しかしそれはArcやその新しいクローンを、他のスレッドと共有する機構（Mutex、チャネル、新しいスレッドの起動など）の責任だ。

6.2 weakポインタ

参照カウントは複数のオブジェクトで構成される構造を表すのに有用だ。例えば、ツリー構造を表すなら各ノードが子ノードへのArcを持つようにする。こうしておくと、あるノードをドロップすれば、使われなくなる子ノードも再帰的にドロップされる。

しかし、**循環構造（cyclic structure）**ではうまくいかない。子ノードが親ノードへのArcを持つようにすると、どちらをドロップしても、常に少なくとも1つのArcがそのノードを指していることになる。

標準ライブラリのArcは、Weak<T>を用いてこの問題を解決している。Weak<T>は**weakポインタ**とも呼ばれるもので、Arc<T>と同様に振る舞うが、オブジェクトがドロップされることを妨げない。1つのTオブジェクトを複数のArc<T>およびWeak<T>で共有することができる。Arc<T>がすべてなくなったらTはドロップされる。Weak<T>オブジェクトが残っていても関係ない。

ということは、Weak<T>はTがなくても存在することができるということだ。したがって、Arc<T>のように無条件に&Tを与えることはできない。Weak<T>を使ってTにアクセスするためには、Weak<T>のupgrade()メソッドを用いてArc<T>にアップグレードする。このメソッドはOption<Arc<T>>を返す。TがすでにドロップされていたらNoneが返される。

Arcを用いた構造の中で、循環を切断するためにWeakを用いることができる。例えばツリー構造内の子ノードから親ノードを参照する際には、ArcではなくWeakを用いる。そうすれば、親ノードをドロップした際に、子ノードがあるために親ノードをドロップできない、ということはなくなる。

実装してみよう。

以前と同様に、Arcオブジェクトの数が0になったら、保持しているTオブジェクトをドロップしていい。しかし、ArcDataはまだドロップして解放するわけにはいかない。Weakポインタが参照しているかもしれないからだ。最後のWeakポインタがなくなった場合にだけ、ArcDataをドロップして解放できる。

これを実現するために、2つのカウンタを用いる。1つ目のカウンタは「Tを参照しているものの数」を表し、もう1つのカウンタは「ArcData<T>を参照しているものの数」を表す。言い換えると1つ目のカウンタは以前と同様にArcオブジェクトの数を表し、もう1つのカウンタはArcとWeak双方の数を表す。

また、ArcData<T>がweakポインタにいまだ利用されていても、中のオブジェクト（T）をドロップできるようにする必要がある。ここではOption<T>を用いてデータをドロップしたらNoneに変更できるようにする。さらに、**内部可変性**（**「1.5 内部可変性」**）を持たせるために、それをUnsafeCellでラップする。ArcData<T>が排他的に所有されていなくても中身を書き換えられるようにするためだ。

```
struct ArcData<T> {
    /// `Arc` の数
    data_ref_count: AtomicUsize,
    /// `Arc` と `Weak` の数を足したもの
    alloc_ref_count: AtomicUsize,
    /// データ本体。weak ポインタしか残ってなければ `None` になる
    data: UnsafeCell<Option<T>>,
}
```

Weak<T>がArcData<T>を生存させておく役割を負うオブジェクトだと考えるなら、Arc<T>をWeak<T>を含む構造体として実装するのは理にかなっている。Arc<T>はWeak<T>と同じことを行い、さらにそれ以上のことを行うからだ。

```
pub struct Arc<T> {
    weak: Weak<T>,
}

pub struct Weak<T> {
    ptr: NonNull<ArcData<T>>,
}

unsafe impl<T: Sync + Send> Send for Weak<T> {}
unsafe impl<T: Sync + Send> Sync for Weak<T> {}
```

new関数は以前のものとほとんど同じだが、2つのカウンタを同時に初期化している。

```
impl<T> Arc<T> {
    pub fn new(data: T) -> Arc<T> {
        Arc {
            weak: Weak {
                ptr: NonNull::from(Box::leak(Box::new(ArcData {
                    alloc_ref_count: AtomicUsize::new(1),
                    data_ref_count: AtomicUsize::new(1),
                    data: UnsafeCell::new(Some(data)),
                }))),
            },
        }
    }

    …
}
```

以前と同様に、ptrフィールドは常にArcData<T>を指していることを想定している。ここではその想定を、Weak<T>のプライベートヘルパ関数data()で表している。

```
impl<T> Weak<T> {
    fn data(&self) -> &ArcData<T> {
        unsafe { self.ptr.as_ref() }
    }

    …
}
```

Arc<T>のDeref実装では、UnsafeCell::get()でセルの内容へのポインタを取得し、unsafeコードを使ってこの時点ではそのポインタを共有しても安全であることをコンパイラに約束しなければならない。また、Option<T>から参照を取り出す際にはas_ref().unwrap()を使う必要がある。このOptionがNoneになるのはArcオブジェクトが残っていない場合だけなので、パニックを心配する必要はない。

```
impl<T> Deref for Arc<T> {
    type Target = T;

    fn deref(&self) -> &T {
        let ptr = self.weak.data().data.get();
        // 安全性：データに対する Arc があるので、
        // データは存在するし、共有されているかもしれない。
        unsafe { (*ptr).as_ref().unwrap() }
    }
}
```

Weak<T>のClone実装はわかりやすい。以前示したArc<T>のClone実装とほとんど同じだ。

```
impl<T> Clone for Weak<T> {
    fn clone(&self) -> Self {
        if self.data().alloc_ref_count.fetch_add(1, Relaxed) > usize::MAX / 2 {
            std::process::abort();
        }
        Weak { ptr: self.ptr }
    }
}
```

新しいArc<T>のClone実装では2つのカウンタを両方インクリメントしなければならない。self.weak.clone()を使って、上に示したコードを再利用して最初のカウンタをインクリメントする。したがって、ここで明示的にインクリメントするのは2つ目のカウンタだけでいい。

```
impl<T> Clone for Arc<T> {
    fn clone(&self) -> Self {
        let weak = self.weak.clone();
        if weak.data().data_ref_count.fetch_add(1, Relaxed) > usize::MAX / 2 {
```

```
            std::process::abort();
        }
        Arc { weak }
    }
}
```

Weakのドロップでは、カウンタをデクリメントし、カウンタが1から0になったらArcDataを解放する。これはArcのドロップ実装と同じだ。

```
impl<T> Drop for Weak<T> {
    fn drop(&mut self) {
        if self.data().alloc_ref_count.fetch_sub(1, Release) == 1 {
            fence(Acquire);
            unsafe {
                drop(Box::from_raw(self.ptr.as_ptr()));
            }
        }
    }
}
```

Arcをドロップする際には、両方のカウンタをデクリメントする必要がある。ただし、ArcはWeakを含んでいるので、そのうちの1つは自動的に行われることに注意しよう。Arcをドロップすれば自動的にそのWeakもドロップされるのだ。したがってここでは、もう一方のカウンタだけ考えればいい。

```
impl<T> Drop for Arc<T> {
    fn drop(&mut self) {
        if self.weak.data().data_ref_count.fetch_sub(1, Release) == 1 {
            fence(Acquire);
            let ptr = self.weak.data().data.get();
            // 安全性：データへの参照カウントはゼロなので、
            // 他の場所からアクセスすることはない。
            unsafe {
                (*ptr) = None;
            }
        }
    }
}
```

あるオブジェクトをドロップすると、(その型がDropを実装しているなら) Drop::dropが実行され、その後で再帰的に個々のフィールドがドロップされる。

get_mutメソッド内でのチェックはほとんど同じだが、weakポインタを考慮に入れるようにしている。排他性を考える場合にはweakポインタを考慮しなくてもいいように思えるが、Weak<T>はいつでもArc<T>にアップグレードできる。したがって、get_mutでは&mut Tを返す前に、他に

Arc<T>やWeak<T>がないことをチェックしなければならない。

```
impl<T> Arc<T> {
    …

    pub fn get_mut(arc: &mut Self) -> Option<&mut T> {
        if arc.weak.data().alloc_ref_count.load(Relaxed) == 1 {
            fence(Acquire);
            // 安全性：Arcは1つしかないしweakポインタはないので、
            // 他の何もデータにアクセスできない。
            // そのArcに対してこのスレッドが排他アクセス権限を持っている。
            let arcdata = unsafe { arc.weak.ptr.as_mut() };
            let option = arcdata.data.get_mut();
            // Arcがあるのでデータがまだ利用できることがわかっている。
            // したがってここでパニックすることはない。
            let data = option.as_mut().unwrap();
            Some(data)
        } else {
            None
        }
    }

    …
}
```

次は、weakポインタのアップグレードだ。WeakからArcへのアップグレードは、データがまだ存在する場合にのみ可能だ。weakポインタしか残っていない場合には、Arcを通じて共有できるデータがない。したがって、Arcカウンタをインクリメントするのは、それがすでに0になっていない場合だけだ。これには比較交換ループ（**「2.3 比較交換操作」**）を用いる。

以前と同様に、参照カウントをインクリメントする際にはRelaxedメモリオーダリングでいい。この操作と厳密に先行発生関係を持たなければならない他の変数への操作はない。

```
impl<T> Weak<T> {
    …

    pub fn upgrade(&self) -> Option<Arc<T>> {
        let mut n = self.data().data_ref_count.load(Relaxed);
        loop {
            if n == 0 {
                return None;
            }
            assert!(n < usize::MAX);
            if let Err(e) =
                self.data()
                    .data_ref_count
                    .compare_exchange_weak(n, n + 1, Relaxed, Relaxed)
            {
```

```
                n = e;
                continue;
            }
            return Some(Arc { weak: self.clone() });
        }
    }
}
```

この場合は、チェックがn < usize::MAXとなっていることに注意。このアサーションはdata_ref_countを更新する前にパニックするのでこれでいい。

逆に、Arc<T>からWeak<T>を取得するのは簡単だ。

```
impl<T> Arc<T> {
    …

    pub fn downgrade(arc: &Self) -> Weak<T> {
        arc.weak.clone()
    }
}
```

6.2.1 テスト

作成したArcを簡単にテストするために、以前書いたユニットテストをweakポインタを使うように改変して、期待通りアップグレードできるか見てみよう。

```
#[test]
fn test() {
    static NUM_DROPS: AtomicUsize = AtomicUsize::new(0);

    struct DetectDrop;

    impl Drop for DetectDrop {
        fn drop(&mut self) {
            NUM_DROPS.fetch_add(1, Relaxed);
        }
    }

    // この時点では weak ポイントはアップグレード可能
    let x = Arc::new(("hello", DetectDrop));
    let y = Arc::downgrade(&x);
    let z = Arc::downgrade(&x);

    let t = std::thread::spawn(move || {
        // この時点では weak ポイントはアップグレード可能
```

```
        let y = y.upgrade().unwrap();
        assert_eq!(y.0, "hello");
    });
    assert_eq!(x.0, "hello");
    t.join().unwrap();

    // データはまだドロップされていないはずなので、weak ポインタはアップグレード可能
    assert_eq!(NUM_DROPS.load(Relaxed), 0);
    assert!(z.upgrade().is_some());

    drop(x);

    // データはドロップされているはずなので、weak ポインタはアップブレード不可能
    assert_eq!(NUM_DROPS.load(Relaxed), 1);
    assert!(z.upgrade().is_none());
}
```

このコードも問題なくコンパイルでき実行できる。これで、使いやすい手作りのArc実装ができたことになる。

6.3 最適化

weakポインタは有用だが、Arc型は多くの場合weakポインタを用いずに使われる。前述の実装の問題点は、Arcのクローンとドロップの際に2つのカウンタをインクリメント、デクリメントしなければならないので、アトミック操作を2回ずつ行うことだ。つまり、Arcの利用者はweakポインタを使っていなくてもその「コスト」を払わなければならないことになる。

Arc<T>とWeak<T>を個別に数えればいいと思うかもしれないが、そうすると両方のカウンタがゼロであることをアトミックにチェックできなくなる。それがどのような問題を起こしうるか考えてみよう。あるスレッドが下のようないやらしい関数を実行しているとしよう。

```
fn annoying(mut arc: Arc<Something>) {
    loop {
        let weak = Arc::downgrade(&arc);
        drop(arc);
        println!("I have no Arc!"); ❶
        arc = weak.upgrade().unwrap();
        drop(weak);
        println!("I have no Weak!"); ❷
    }
}
```

このスレッドは繰り返しArcをダウングレードしアップグレードする。このため、Arcがない瞬間（❶）とWeakがない瞬間（❷）が繰り返し発生する。このメモリ領域を使っているスレッドがあるかどうかを調べるために、両方のカウンタを順にチェックする場合に、❶のところでArcをチェックし、❷のところでWeakをチェックすると、このスレッドがまだ使われていることがわか

らなくなってしまう。

先ほど示した実装では、すべてのArcがWeakでもあるようにすることで、この問題を解決している。もう1つ巧妙な実装方法が考えられる。すべてのArcポインタをあわせて1つのWeakポインタとして扱うのだ。こうすれば、前述の実装と同様に、weakポインタカウンタ（alloc_ref_count）は、Arcオブジェクトが1つでもあればゼロにはならないし、しかもArcのクローン時にはこのカウンタを変更する必要はない。最後のArcをドロップする場合にだけ、Weakポインタのカウンタもデクリメントすればいい。

試してみよう。

今回はArc<T>をWeak<T>のラッパとしては実装できないので、両方ともArcDataを置くメモリ領域へのNonNullをラップして実装する。

```
pub struct Arc<T> {
    ptr: NonNull<ArcData<T>>,
}

unsafe impl<T: Sync + Send> Send for Arc<T> {}
unsafe impl<T: Sync + Send> Sync for Arc<T> {}

pub struct Weak<T> {
    ptr: NonNull<ArcData<T>>,
}

unsafe impl<T: Sync + Send> Send for Weak<T> {}
unsafe impl<T: Sync + Send> Sync for Weak<T> {}
```

ここでは最適化のために、ArcData<T>の実装にOption<T>ではなく、少しだけ小さいstd::mem::ManuallyDrop<T>を用いる。Option<T>を用いたのは、データをドロップする際にSome(T)をNoneで置き換えるためだった。しかし実際には、データがなくなったことを知るためにNone状態を使う必要はない。Arc<T>がなくなっていたらデータもなくなっていることがわかるからだ。ManuallyDrop<T>はTと全く同じ量のメモリ空間を使用し、unsafeなManuallyDrop::drop()を使うといつでもドロップできる。

```
use std::mem::ManuallyDrop;

struct ArcData<T> {
    /// `Arc` の数
    data_ref_count: AtomicUsize,
    /// `Weak` の数。`Arc` が 1 つでもあればさらに 1 足す
    alloc_ref_count: AtomicUsize,
    /// データ。weak ポインタしかなくなったらドロップされる
    data: UnsafeCell<ManuallyDrop<T>>,
}
```

Arc::newはほとんど変わらない。以前と同様に両方のカウンタを同時に初期化しているだけだが、Some()ではなくManuallyDrop::new()を用いている。

```
impl<T> Arc<T> {
    pub fn new(data: T) -> Arc<T> {
        Arc {
            ptr: NonNull::from(Box::leak(Box::new(ArcData {
                alloc_ref_count: AtomicUsize::new(1),
                data_ref_count: AtomicUsize::new(1),
                data: UnsafeCell::new(ManuallyDrop::new(data)),
            }))),
        }
    }

    …
}
```

Deref実装でWeak型のプライベート関数dataを使えなくなったので、同じプライベートヘルパ関数をArc<T>にも実装してそちらを使う。

```
impl<T> Arc<T> {
    …

    fn data(&self) -> &ArcData<T> {
        unsafe { self.ptr.as_ref() }
    }

    …
}

impl<T> Deref for Arc<T> {
    type Target = T;

    fn deref(&self) -> &T {
        // 安全性：このデータに対するArcが存在するので、
        // データは存在し、共有されている可能性もある。
        unsafe { &*self.data().data.get() }
    }
}
```

Weak<T>のCloneとDropの実装は以前のものと全く同じだ。完全性のためにプライベートヘルパ関数Weak::dataも含めて掲載する。

```
impl<T> Weak<T> {
    fn data(&self) -> &ArcData<T> {
        unsafe { self.ptr.as_ref() }
    }

    …
}
```

```
impl<T> Clone for Weak<T> {
    fn clone(&self) -> Self {
        if self.data().alloc_ref_count.fetch_add(1, Relaxed) > usize::MAX / 2 {
            std::process::abort();
        }
        Weak { ptr: self.ptr }
    }
}

impl<T> Drop for Weak<T> {
    fn drop(&mut self) {
        if self.data().alloc_ref_count.fetch_sub(1, Release) == 1 {
            fence(Acquire);
            unsafe {
                drop(Box::from_raw(self.ptr.as_ptr()));
            }
        }
    }
}
```

さて次は、この最適実装をそもそも始めた理由であるArc<T>のクローンだ。この実装ではカウンタ1つだけ変更すればいい。

```
impl<T> Clone for Arc<T> {
    fn clone(&self) -> Self {
        if self.data().data_ref_count.fetch_add(1, Relaxed) > usize::MAX / 2 {
            std::process::abort();
        }
        Arc { ptr: self.ptr }
    }
}
```

同様に、Arc<T>をドロップする際にも1つだけカウンタをデクリメントすればいい。ただし、カウンタがデクリメントで1から0になってしまった場合は例外だ。この場合には、weakポインタのカウンタもデクリメントしなければならない。他にweakポインタがなければこちらのカウンタも0になる。デクリメントは何もないところからWeak<T>を作り出して即座にドロップすることで行う。

```
impl<T> Drop for Arc<T> {
    fn drop(&mut self) {
        if self.data().data_ref_count.fetch_sub(1, Release) == 1 {
            fence(Acquire);
            // 安全性：データへの参照カウントは0なので、誰もデータにアクセスできない
            unsafe {
                ManuallyDrop::drop(&mut *self.data().data.get());
            }
```

```
                // `Arc<T>` が残っていないので、すべての `Arc<T>` を代表していた
                // 暗黙の weak ポインタをドロップする
                drop(Weak { ptr: self.ptr });
            }
        }
    }
```

Weak<T>のupgradeメソッドもほとんど変わらない。ただし、今度はweakポインタをクローンする必要はない。weakポインタのカウンタをインクリメントする必要はないからだ。アップグレードが成功するのは、Arc<T>が少なくとも1つはすでに存在する場合だけで、その場合にはweakポインタカウンタがすでにArcを考慮に入れているはずだからだ。

```
impl<T> Weak<T> {
    …

    pub fn upgrade(&self) -> Option<Arc<T>> {
        let mut n = self.data().data_ref_count.load(Relaxed);
        loop {
            if n == 0 {
                return None;
            }
            assert!(n < usize::MAX);
            if let Err(e) =
                self.data()
                    .data_ref_count
                    .compare_exchange_weak(n, n + 1, Relaxed, Relaxed)
            {
                n = e;
                continue;
            }
            return Some(Arc { ptr: self.ptr });
        }
    }
}
```

これまでのところ、今回の実装と変更前の実装の差は大きくない。話がややこしくなるのは、まだ実装していない最後の2つのメソッド、downgradeとget_mutの実装だ。

get_mutメソッドではArc<T>が1つしかなく、かつWeak<T>が1つもないことを確認しなければならないが、それには以前と異なり2つのカウンタが両方とも1になっていることをチェックする必要がある。weakポインタカウンタが0でなく1でなければならないのは、（複数の）Arc<T>ポインタをカウントしているからだ。2つのカウンタをわずかに異なる時刻に別々の操作で読み込むことになるので、並行してダウングレードが行われた場合にそれを見落とさないように非常に注意深く行う必要がある。この節の冒頭で示したような場合だ。

先にdata_ref_countが1であることをチェックする場合、他方のカウンタをチェックする前にupgrade()が行われると、それを見落とす可能性がある。しかし、先にalloc_ref_countが1であ

ることをチェックする場合、他方のカウンタをチェックする前にdowngrade()が行われると見落とす可能性がある。

このジレンマを解消するには、weakポインタカウンタを「ロック」して、downgrade()操作が短時間ブロックするようにすればいい。これにはMutexのようなものは必要ない。何か特別な値、例えばusize::MAXを使って、weakポインタカウンタが「ロックされている」状態を表せばいい。ロックする時間は、他のカウンタをロードするだけの非常に短時間になるので、downgradeメソッドはアンロックされるまでスピンして待機すればいい。これが起こるのは、get_mutと全く同じタイミングで実行されるという非常に稀な場合だけだ。

したがって、get_mutでは、まずalloc_ref_countが1であるかチェックすると同時に、1であった場合にはusize::MAXに置き換える。これはcompare_exchangeで行う。

次に、他方のカウンタが1であるかチェックし、すぐに、weakポインタカウンタをアンロックする。2つ目のカウンタも1だったら、そのメモリ領域とデータに対して排他的にアクセスできることがわかるので、&mut Tを返すことができる。

```
pub fn get_mut(arc: &mut Self) -> Option<&mut T> {
    // Acquire は Weak::drop の Release デクリメントと対応する。
    // アップグレードされた weak があれば、次の data_ref_count.load
    // で観測できるようにするため。
    if arc.data().alloc_ref_count.compare_exchange(
        1, usize::MAX, Acquire, Relaxed
    ).is_err() {
        return None;
    }
    let is_unique = arc.data().data_ref_count.load(Relaxed) == 1;
    // Release は `downgrade` の Acquire インクリメントに対応する。
    // `downgrade` 以降の data_ref_count への何らかの変更が、
    // 上の is_unique の結果に影響しないようにするため。
    arc.data().alloc_ref_count.store(1, Release);
    if !is_unique {
        return None;
    }
    // Acquire は Arc::drop の Release デクリメントに対応。
    // 他の何もデータにアクセスしていないことを保証するため。
    fence(Acquire);
    unsafe { Some(&mut *arc.data().data.get()) }
}
```

もうおわかりだと思うが、ロック操作（compare_exchange）では、Acquireメモリオーダリングを使い、アンロック操作（store）ではReleaseメモリオーダリングを使う必要がある。

compare_exchangeにRelaxedを使うと、compare_exchangeですべてのWeakポインタがなくなっていることを確認していても、後続するdata_ref_countからのload時に、新たにアップグレードされたWeakポインタによって更新された値を観測できない可能性がある。

storeにRelaxedを用いると、直前のloadが、将来ダウングレードされる可能性があるArcのArc::dropの結果を観測してしまうかもしれない。

Acquireフェンスは以前と同じだ。Arc::DropのReleaseデクリメント操作と同期し、すべてのArcクローンを通じたアクセスが、この排他アクセスよりも先行発生することを保証する。

パズルの最後のピースはdowngradeメソッドだ。weakポインタカウンタがロックされているかどうかを、特別な値usize::MAXがセットされているかで判断し、ロックされていたら、アンロックされるまでスピンで待機する。upgradeの実装と同じように、比較交換ループを用いて、カウンタをインクリメントする前に、特別な値となっていないこと、オーバフローしていないことをチェックする。

```
pub fn downgrade(arc: &Self) -> Weak<T> {
    let mut n = arc.data().alloc_ref_count.load(Relaxed);
    loop {
        if n == usize::MAX {
            std::hint::spin_loop();
            n = arc.data().alloc_ref_count.load(Relaxed);
            continue;
        }
        assert!(n < usize::MAX - 1);
        // Acquireはget_mutのReleaseストアと同期
        if let Err(e) =
            arc.data()
                .alloc_ref_count
                .compare_exchange_weak(n, n + 1, Acquire, Relaxed)
        {
            n = e;
            continue;
        }
        return Weak { ptr: arc.ptr };
    }
}
```

compare_exchange_weakにはAcquireメモリオーダリングを用いる。これは、get_mut関数のReleaseストアと同期するためだ。こうしないと、後続するArc::dropの効果が、get_mutを実行するスレッドに、そのスレッドがカウンタをアンロックする前に観測できてしまうからだ。

つまりこのAcquire比較交換操作が実質的にget_mutを「ロック」して、成功しないようにしているのだ。その後、Weak::dropがカウンタをReleaseメモリオーダリングで1に戻すと「アンロック」される。

この最適化したバージョンのArc<T>とWeak<T>の実装は、Rustの標準ライブラリのものとほぼ同一だ。

以前と同じテスト（**「6.1.1 テスト」**）を実行すると、この最適化されたバージョンもコンパイルできテストをパスすることがわかるだろう。

もしこの最適化バージョンでのメモリオーダリングの決定が難しいと思ったとしても心配する必要はない。ほとんどの並行データ構造は、これよりは簡単に正しく実装できる。ここで、このArc実装を示したのは、メモリオーダリング周りのややこしさを理解してもらうためだ。

6.4 まとめ

- Arc<T>は参照カウントされたメモリ上のオブジェクトに対する共有所有を実現する。
- Arc<T>は参照カウントがちょうど1である場合に限り、排他アクセス（&mut T）を与えることができる。
- 参照カウントのアトミックなインクリメントはRelaxed操作で行うことができる。ただし、最後のデクリメントは、それ以前のすべてのデクリメントと同期する必要がある。
- **weakポインタ**（Weak<T>）を使うと循環参照を避けることができる。
- NonNull<T>型は、ヌルにならないTへのポインタを表す。
- ManuallyDrop<T>型は、unsafeコードを用いて手動でTをドロップするか決めることができる。
- 関係するアトミック変数が複数になると、物事はややこしくなる。
- 複数のアトミック変数を扱う場合、アドホック（スピン）ロックを実装することが有効な場合がある。

7章
プロセッサを理解する

正しい並行コードを書くには**「2章　アトミック操作」**と**「3章　メモリオーダリング」**で学んだ理論だけで十分ではあるのだが、プロセッサレベルで実際に何が起こっているのかを大まかに理解しておくことも大いに役に立つはずだ。本章では、アトミック操作がコンパイルされるターゲットとなる、機械語命令を説明する。プロセッサによる相違や、なぜ`compare_exchange`にはweak版があるのか、個々の命令という最も低いレベルでメモリオーダリングはどのような意味を持つのか、これらすべてにキャッシュがどう関連するのか、などを解説する。

本書の目的は、すべてのプロセッサアーキテクチャに対して関連する詳細をすべて理解することではない。そうするには、まだ書かれていない本や一般には発売されていないような本を含めて、本棚いっぱいの本が必要になるだろう。本章では、アトミックが関連するコードを実装し最適化する際によい判断ができるように、プロセッサレベルでアトミックがどのように機能するかを大まかに理解することを目的とする。もちろん、抽象的な理論を離れて、舞台裏で何が起こっているのかを知りたい、という単純に好奇心を満足させることも目的だ。

議論を可能な限り具体的にするために、2つのプロセッサアーキテクチャに焦点を当てる。

x86-64

x86アーキテクチャの64ビット版で、大半のラップトップ、デスクトップ、サーバ、一部のゲーム機で使われているIntelとAMDのプロセッサで実装されている。x86アーキテクチャはもともと16ビットで、その後広く使われる32ビット拡張がIntelによって作られた。現在x86-64と呼ばれる64ビットバージョンはもともとAMDが開発した拡張で、AMD64とも呼ばれる。Intelも、IA-64という64ビットアーキテクチャを開発したが、結局はより広く使われるようになったAMDのx86拡張を（IA-32e、EM64T、後にIntel 64という名前で）採用することになった。

ARM64

ARMアーキテクチャの64ビット版で、ほとんどすべての近代的な携帯電話、高性能組み込みシステム、最近ではラップトップやデスクトップにも使われている。このアーキテクチャはARMv8の一部として導入されたもので、AArch64という名前で呼ばれることもある。これとよく似た、ARMの初期のバージョン（32ビット）は、さらに幅広い目的に使用されていた。自動車から新型コロナ検査キットまで、思いつくあらゆる組み込みシステムがARMv6やARMv7で動いている。

これら2つのアーキテクチャは、さまざまな意味で似ていない。最も重要なのは、アトミックに関するアプローチが違うことだ。これらのアーキテクチャでのアトミックの動作を理解すれば、他のアーキテクチャにも応用できる、一般的な理解を得られるだろう。

7.1 プロセッサ命令

プロセッサレベルで何が起こっているのかを大まかに理解するには、コンパイラの出力する命令列を注意深く見ればいい。プロセッサが実行するのは、まさにこの命令列だからだ。

アセンブリの簡単な説明

RustやCなどのコンパイル言語で書かれたソフトウェアをコンパイルすると、コードは**機械語命令(machine instruction)**に変換され、プログラムを最終的に実行するプロセッサ上で実行される。これらの命令は、コンパイル先のプロセッサアーキテクチャに固有だ。

これらの命令(**機械語**とも呼ばれる)は、バイナリにエンコードされており、人間には読むことが難しい。**アセンブリ(assembly)**はこれらの命令を人間が読めるようにしたものだ。個々の命令は1行のテキストで表される。多くの場合、冒頭の1単語もしくは1略語が、命令を特定し、その後ろに引数やオペランドが続く。**アセンブラ(assembler)**がこのテキスト表現をバイナリ表現に変換し、**ディスアセンブラ(disassembler)**はその逆を行う。

Rustのような言語からコンパイルすると、もとのソースコードの構造は失われる。最適化レベルによっては、関数や関数呼び出しはまだ残るかもしれない。しかし構造体や列挙型のような型はバイトやアドレスに分解され、ループや条件文は基本的なジャンプや分岐命令からなるフラットな構造に帰着する。

プログラムのごく一部を表したアセンブリコードを見てみよう。アーキテクチャは適当にここで作ったものだ。

```
ldr x, 1234 // メモリアドレス1234からxへロード
li y, 0     // yに0をセット
inc x       // xをインクリメント
add y, x    // xをyに加える
mul x, 3    // xに3を掛ける
cmp y, 10   // yと10を比較
jne -5      // 比較結果が同じでなければ5命令戻る
str 1234, x // xをメモリアドレス1234に保存
```

この例ではxとyは**レジスタ(register)**の名前だ。レジスタは、メインメモリではなくプロセッサの一部で、通常1つの整数やメモリアドレスを保持できる。64ビットアーキテクチャでは一般に64ビットだ。レジスタの数はアーキテクチャによって異なるが、一般に非常に少ない。レジスタは、計算のために一時的に用いるメモ帳のようなもので、メモリに書き戻す前

の中間結果を保持するために用いられる。

特定のメモリアドレス（上の例では1234や-5）は、より人間にとって読みやすい**ラベル**で置き換えられることが多い。アセンブラは、アセンブリをバイナリの機械コードに変換する際に、ラベルを自動的に実際のアドレスに置き換える。

ラベルを使うと、上の例は下のように書ける。

```
          ldr x, SOME_VAR
          li y, 0
my_loop:  inc x
          add y, x
          mul x, 3
          cmp y, 10
          jne my_loop
          str SOME_VAR, x
```

ラベル名はアセンブリの一部ではあるが、バイナリ機械コードには含まれないので、ディスアセンブラはもともと使われていたラベルを知ることはできず、label1やvar2などの意味のない生成された名前を使うことになるだろう。

さまざまなアーキテクチャのアセンブリに関して完全に紹介するのは本書のスコープ外だし、本章を読む上で必要になる知識でもない。我々はアセンブリを読むだけで書くわけではないので、例を理解するのに専門的な知識は必要なく、一般的な理解だけで十分だ。例に出てくる関連する命令は、アセンブリに関する経験がなくてもついていけるように、その時々に十分詳しく説明する。

Rustコンパイラが生成する機械コードを確認するにはいくつかの方法がある。まず、通常通りコンパイルして、ディスアセンブラ（objdumpなど）を用いて、生成されたバイナリをアセンブリに戻すことができる。コンパイラがコンパイルの過程で生成するさまざまなデバッグ情報を用いることで、ディスアセンブラはRustで書かれたソースコードで用いられていた元の関数名に対応するラベルを生成できる。この方法の欠点は、コンパイル対象のプロセッサアーキテクチャに対応したディスアセンブラが必要なことだ。Rustコンパイラはさまざまなアーキテクチャをサポートしているが、多くのディスアセンブラはそれぞれのターゲットである1つのアーキテクチャにしか対応していない。

より直接的な方法として、rustcに--emit=asmフラグを指定して、コンパイラに直接バイナリを生成させる方法がある。この方法の欠点は、生成された出力にアセンブラやデバッグツール向けで、我々の目的には無関係な情報が大量に含まれていることだ。

この問題については、cargo-show-asm（https://oreil.ly/ePDzj）のような素晴らしいツールが解決してくれる。これらのツールはcargoと統合されており、自動的に、クレートを正しいフラグでコンパイルして、確認したい関数に関連したアセンブリ部分を見つけ、実際の命令を含む関連部分をハイライトしてくれる。

小規模なコードを対象にする場合には、Matt GodboltによるCompiler Explorer（https://godbolt.org/）のような素晴らしいWebサービスを使うのが、最も簡単でお勧めできる。この

Webサイトは、Rustをはじめさまざまな言語でコードを入力でき、そのコードを指定したコンパイラバージョンでコンパイルした結果のアセンブリを表示する。さらに、Rustのコードに対応するアセンブリの行をハイライト表示する。ただし、対応するコードが最適化後も残っていればだが。

複数のアーキテクチャのアセンブリを確認したいので、Rustコンパイラにターゲットを指定する必要がある。x86_64については`x86_64-unknown-linux-musl`を、ARM64については`aarch64-unknown-linux-musl`を用いる。これらはCompiler Explorerで直接サポートされている。`cargo-show-asm`や上に示した他の方法を用いて、ローカルにコンパイルする場合には、ターゲットアーキテクチャ向けのRust標準ライブラリをインストールすることを忘れないようにしよう。普通は、`rustup target add`を用いてインストールできる。

いずれにせよ、コンパイルターゲットはコンパイラフラグ`--target`で指定する。例えば`--target=aarch64-unknown-linux-musl`のように書く。ターゲットを指定しないと、使用中のプラットフォームが使用される(Compiler Explorerの場合には、Compiler Explorerがホストされているプラットフォームが使用される。今のところは、`x86_64-unknown-linux-gnu`だ)。

また、`-O`フラグを付けて最適化を有効にしたほうがいい(Cargoを用いる場合には`--release`フラグ)。最適化を有効にするとオーバフローチェックが無効になるので、コンパイル対象の小さい関数に対応するアセンブリがはるかに小さくなるからだ。

まず、下のコードに対応するx86-64とARM64のアセンブリを見てみよう。

```
pub fn add_ten(num: &mut i32) {
    *num += 10;
}
```

上に示したいずれの方法でも、`-O --target=aarch64-unknown-linux-musl`をコンパイラフラグに付ければ、下に示すようなARM64のアセンブリが得られるはずだ。

```
add_ten:
    ldr w8, [x0]
    add w8, w8, #10
    str w8, [x0]
    ret
```

`x0`レジスタにはこの関数の引数が入っている。これから10を加算する`i32`へのアドレス`num`だ。まず、`ldr`命令で32ビットの値がメモリアドレスから`w8`レジスタに読み込まれる。次に、`add`命令で`w8`に10を加算し、結果を`w8`に保持する。その後で`str`命令で`w8`レジスタの中身を、同じメモリアドレスに書き戻す。最後に`ret`命令で関数の終わりを示している。プロセッサは`add_ten`を呼び出した関数に戻って実行を続ける。

全く同じコードを`x86_64-unknown-linux-musl`に対してコンパイルすると、下のようなコードが得られる。

```
add_ten:
    add dword ptr [rdi], 10
    ret
```

今度はrdiというレジスタがnum引数に用いられている。興味深いのは、x86-64ではARM64ではロード、インクリメント、ストアの3命令必要だったことが、1つのadd命令でできていることだ。

これは、x86のようなCISC（complex instruction set computer）アーキテクチャではよくあることだ。このようなアーキテクチャの命令はさまざまなバリエーションを持ち、レジスタに対して作用するものもあれば、特定のサイズのメモリ領域に対して直接作用するものもある（アセンブリ内のdwordで32ビット演算を指定している）。

逆に、ARMのようなRISC(reduced instruction set computer)アーキテクチャでは、バリエーションをあまり持たない単純な命令セットが用いられる。ほとんどの命令はレジスタに対してしか動作せず、メモリのロードとストアには個別の命令が必要だ。これにより、プロセッサが単純になり、コストが削減できると同時に、場合によっては高性能になる。

この相違は、この後で説明するアトミックな「取得して変更」命令で顕著になる。

コンパイラは一般に非常に賢いが、特にアトミック操作が関係する場合には、常に最適なアセンブリを生成するわけではない。試してみて不必要に複雑なアセンブリが出力されているようなら、今後のバージョンのコンパイラに最適化の機会が残っているだけなのかもしれない。

7.1.1 ロードとストア

複雑なものを説明する前に、まずは最も簡単なアトミック操作であるロードとストアのアセンブリ命令を見てみよう。

通常の非アトミックな&mut i32によるストアは、x86-64でもARM64でも1命令でできる。

Rust ソース	x86-64 アセンブリ	ARM64 アセンブリ

`pub fn a(x: &mut i32) {`
`    *x = 0;`
`}`
	`a:`
	`    mov dword ptr [rdi], 0`
	`    ret`
		`a:`
		`    str wzr, [x0]`
		`    ret`

x86-64では、データをある場所から別の場所にコピーもしくは移動（move）するためには、万能のmov命令が用いられる。この場合には定数0からメモリへのコピーだ。ARM64では、str（store register）命令を用いて32ビットレジスタをメモリにストアしている。この場合には、常に0を値とする特殊なレジスタwzrが用いている。

コードを変更し、AtomicI32に対するRelaxedなアトミックストアにすると以下の結果が得られる。

Rust ソース	x86-64 アセンブリ	ARM64 アセンブリ

`pub fn a(x: &AtomicI32) {`
`    x.store(0, Relaxed);`
`}`
	`a:`
	`    mov dword ptr [rdi], 0`
	`    ret`
		`a:`
		`    str wzr, [x0]`
		`        ret`

やや驚いたことに、非アトミックな場合とアセンブリコードは同一だ。つまり、movやstrはもともとアトミック、つまり完全に実行されるか全く実行されないかのどちらかなのだ。&mut i32と&AtomicI32の相違は、コンパイラチェックと最適化のみで、少なくともこの2つのアーキテクチャのRelaxedストア操作においては、プロセッサレベルでは意味がないということになる。

Relaxedロードに関しても同じことが言える。

Rustソース	x86-64アセンブリ	ARM64アセンブリ

`pub fn a(x: &i32) -> i32 {`
`    *x`
`}`
	`a:`
	`    mov eax, dword ptr [rdi]`
	`    ret`
		`a:`
		`    ldr w0, [x0]`
		`    ret`

`pub fn a(x: &AtomicI32) -> i32 {`
`    x.load(Relaxed)`
`}`
	`a:`
	`    mov eax, dword ptr [rdi]`
	`    ret`
		`a:`
		`    ldr w0, [x0]`
		`    ret`

x86-64ではここでもmovが用いられているが、今回はメモリから32ビットレジスタeaxへのコピーが行われる。ARM64では、ldr（load register）命令が用いられ、メモリからw0レジスタにロードしている。

32ビットレジスタeaxやw0は、32ビット値を関数からリターンするために用いられる（64ビット値の場合には、raxやx0が用いられる）。

プロセッサでは、アトミックなロード/ストアと非アトミックなロード/ストアを区別していないとは言え、Rustコードでこの違いを無視できるわけではない。&mut i32を用いるとRustコンパイラは、同じi32に対して他のスレッドが並行してアクセスすることはないと判断し、例えば1つのストア操作が1つのストア操作に対応するようにコンパイルされないようなプログラム変換や最適化をする可能性がある。例えば、非アトミックな32ビットロードもしくはストアを2命令の16ビット命令で実現することが考えられる。これはあまり見られるものではないが、完全に正しい。

7.1.2 リード・モディファイ・ライト

話が面白くなってくるのは、**リード・モディファイ・ライト操作**（加算など）からだ。本章の冒頭で説明したように、非アトミックのリード・モディファイ・ライト操作は、ARM64などのRISCアーキテクチャでは通常3つの独立した命令（リード、モディファイ、ライト）にコンパイルされるが、x86-64などのCISCアーキテクチャでは1命令で行われる。例を見てみよう。

Rustソース	x86-64アセンブリ	ARM64アセンブリ

`pub fn a(x: &mut i32) {`
`    *x += 10;`
`}`
	`a:`
	`    add dword ptr [rdi], 10`
	`    ret`
		`a:`
		`    ldr w8, [x0]`
		`    add w8, w8, #10`
		`        str w8, [x0]`
		`        ret`

アトミック操作の場合と実際に比較してみなくても、今度は非アトミックとアトミックとで違いがあるだろうことが予測できる。ARM64のほうは明らかにアトミックではない。ロードとストアが別の命令で行われているからだ。

x86-64のほうはアセンブリからは直接わからないが、こちらもアトミックではない。このadd命令はプロセッサ内で複数の**マイクロ命令（microinstructions）**に分割される。そこでは値のロードと結果のストアは別のステップになる。これはシングルコアの計算機では問題にならないかもしれない。スレッドの切り替えは一般に命令間でしか発生しないからだ。しかし、複数のコアが並列に命令を実行している場合には、1命令の実行に複数のステップが関連していることを考慮せずに、すべてがアトミックに起こると仮定することはできない。

7.1.2.1 x86のlockプリフィックス

マルチコアシステムをサポートするために、Intelはlockというプリフィックスを導入した。このプリフィックスをaddなどの命令に修飾子として付加すると、アトミックになる。

もともとlockプリフィックスは、その命令の実行中は他のすべてのコアのメモリアクセスを一時的にブロックするように実装されていた。これは、他のコアから見てアトミックに見えるように何かを動作させるためには簡単で効果的な方法だが、アトミック操作のたびに世界全体を止めてしまうのはあまりに非効率的だ。新たなプロセッサではより高度な実装がされており、lockプリフィックスは無関係なメモリへの他のコアからのアクセスを停止しない。他のコアからはメモリの一部が使えなくなるが、何か有用なことができるようになっている。

lockプリフィックスは、ごく限られた数の命令にしか使えない。add、sub、and、not、or、xorなどで、いずれもアトミックに行うことが非常に有用な操作ばかりだ。xchg（exchange）命令は、アトミックなスワップ操作に相当するが、これは暗黙にlockプリフィックスが付加されている。lockが付いていなくてもlock xchgとして動作する。

先ほどの例をAtomicI32への操作に変更してlock addが実際に使われる様子を見てみよう。

<table>
<tr><th>Rustソース</th><th>x86-64アセンブリ</th></tr>
<tr><td><pre>pub fn a(x: &AtomicI32) {
    x.fetch_add(10, Relaxed);
}</pre></td><td><pre>a:
    lock add dword ptr [rdi], 10
    ret</pre></td></tr>
</table>

非アトミック版との違いはlockプリフィックスだけだ。

上の例ではfetch_addの返り値、すなわち操作前のxの値を無視している。この値を使うとadd命令だけでは実行できない。add命令は、更新された値がゼロだったとか負だったなどのわずかな量の有効な情報を次の命令に伝えることはできるが、更新前の値も更新後の値も取得できない。そのようなことをしたいならxadd（exchange and add）命令を用いればよい。この命令はロードされた元の値をレジスタに格納する。

コードを少し変更して、fetch_addの返り値を返すようにしよう。

Rustソース	x86-64アセンブリ

<pre>pub fn a(x: &AtomicI32) -> i32 {
    x.fetch_add(10, Relaxed)
}</pre>
	<pre>a:
	    mov eax, 10
	    lock xadd dword ptr [rdi], eax
	    ret</pre>

定数10の代わりに、レジスタに格納された値10を用いるようになっている。xadd命令はこのレジスタを元の値を格納するために使用する。

残念ながら、xaddとxchg以外のlockプリフィックスを付けることのできる他の命令（sub、and、or）にはこのようなバリエーションがない。例えばxsubはない。減算に関してはxaddに引数の逆数を与えればいいので問題はない。しかし、andやorについては代替手法がない。

例えば、fetch_or(1)やfetch_and(!1)のようにand、or、xorが1ビットにだけ影響する場合には、bts（bit test and set）、btr（bit test and reset）、btc（bit test and complement）を使えばいい。これらの命令にもlockプリフィックスを付けることができ、1ビットだけ変更し、変更前の1ビットの値を以降の命令（例えば条件ジャンプ）に使うことができる。

複数ビットに影響する操作を行いたい場合には、x86-64命令1つでは表現できない。また、fetch_maxやfetch_minには対応するx86-64命令がない。これらの操作を実現するには、単純なlockプリフィックスではだめで、別の戦略が必要だ。

7.1.2.2　x86比較交換命令

「2.3　比較交換操作」で、アトミックな「取得して変更」操作を比較交換ループで実装できることを示した。この手法は、x86-64命令1つで表現できない操作を実現するために、まさにコンパイラが行っていることだ。このアーキテクチャには、lockプリフィックスを付けることのできるcmpxchg（compare and exchange）命令がある。

先ほどの例のfetch_addをfetch_orにして試してみよう。

Rustソース	x86-64アセンブリ

<pre>pub fn a(x: &AtomicI32) -> i32 {
    x.fetch_or(10, Relaxed)
}</pre>
	<pre>a:
	    mov eax, dword ptr [rdi]
	.L1:
	    mov ecx, eax
	    or ecx, 10
	    lock cmpxchg dword ptr [rdi], ecx
	    jne .L1
	    ret</pre>

最初のmov命令で、アトミック変数からeaxレジスタに値をロードする。次のmovとor命令で、値をecxレジスタにコピーして、ビット単位のor操作を行う。これでeaxには古い値が、ecxには新しい値が入る。その後のcmpxchg命令は、Rustのcompare_exchangeと全く同じように動作する。最初の引数が、操作の対象となるメモリアドレス（アトミック変数）で、2つ目の引数が（ecx）が新しい値になる。メモリアドレスに入っていると期待されている値は暗黙にeaxで指定され、返

り値も暗黙にeaxに返される。この命令はさらに、操作が成功したかどうかを示す状態フラグをセットする。このフラグは、後続命令で条件分岐に使用できる、この場合には、jne (jump if not equal：等しくなければジャンプ) 命令を用いて.L1ラベルにジャンプして戻ることで失敗時の再試行を行っている。

Rustによる等価な比較交換ループは以下のように書ける。**「2.3 比較交換操作」**で説明したものと同様の方法だ。

```
pub fn a(x: &AtomicI32) -> i32 {
    let mut current = x.load(Relaxed);
    loop {
        let new = current | 10;
        match x.compare_exchange(current, new, Relaxed, Relaxed) {
            Ok(v) => return v,
            Err(v) => current = v,
        }
    }
}
```

このコードをコンパイルすると、fetch_orの場合と全く同じアセンブリが出力される。つまり、少なくともx86-64においては、これら2つはあらゆる意味で同じなのだ。

x86-64ではcompare_exchangeとcompare_exchange_weakに違いはない。いずれもlock cmpxchg命令にコンパイルされる。

7.1.3 Load-Linked命令とStore-Conditional命令

RISCアーキテクチャにおいて比較交換ループと最も近いものは、**LL/SCループ**（load-linked/store-conditional loop）だ。これには2つの特別な命令がペアで関与する。1つはload-linked命令で、これは通常のロード命令とほぼ同様に振る舞う。もう1つはstore-conditional命令で、こちらは通常のストア命令と同様に振る舞う。この2つの命令は同じメモリアドレスを指す形でペアで使用される。通常のストア命令との相違は、ストアが条件付きだということだ。他のスレッドが、そのメモリ領域を上書きしていたら、メモリへのストアを拒否する。

この2つの命令を用いると、値をメモリから読み込み、変更して、値をロードしてから誰も上書きしていない場合にだけ新しい値を書き出すことができる。失敗したら単純にもう一度やり直せばいい。成功したら、誰も妨害しなかったということなので、操作がアトミックであったことにできる。

これらの命令がうまく、効率的に実装できるのには2つ理由がある。

1. コアあたり1つのアドレスしか管理できない。
2. store-conditionalが偽陰性を返すことが許される。つまり誰もそのメモリ領域を書き換えていなくても失敗する場合がある。

これらによって、LL/SCループを余分に回るというコストのもとに、メモリのアクセス監視を精密に行う必要がなくなっている。メモリへのアクセス監視は1バイト単位で行う必要がなく、64バイトや1Kバイト、さらにはメモリ全体を1つの単位とすることすらできる。メモリ監視が不正確になると、LL/SCループを余分に回さなければならず、性能は大幅に低下するが、実装の複雑さも低下させることができる。

極端なことを言えば、基本的なシングルコアシステムでは全くメモリ書き出しを監視しないという戦略を取ることもできる。割り込みやコンテクストスイッチなどのプロセッサを他のスレッドに切り替える可能性があるイベントだけを監視する。並列性のないシステムではこれらのイベントがなければ、誰もメモリに触っていないとみなしても安全だ。これらのイベントが発生していれば、最悪の場合に備えて、ストアを拒否して、次回のループ時の幸運を祈ればいい。

7.1.3.1 ARMのload-exclusiveとstore-exclusive

ARM64の少なくとも最初のバージョンのARMv8には、アトミックな「取得して変更」や比較交換操作を1命令で表現する方法はない。RISC元来の性質通り、ロードとストアは計算や比較と別のステップになる。

ARM64のload-linked命令とstore-conditional命令は、それぞれ`ldxr`（load exclusive register）と`stxr`（store exclusive register）と呼ばれる。これらに加えて、`clrex`（clear exclusive）命令がある。これは何かをストアすることなくメモリの監視を停止するために、`strx`の代わりに用いる。

これらの命令の動作を確認するために、ARM64でのアトミックな加算を試してみよう。

Rustソース	ARMでコンパイル

`pub fn a(x: &AtomicI32) {`
`    x.fetch_add(10, Relaxed);`
`}`
	`a:`
	`.L1:`
	`    ldxr w8, [x0]`
	`    add w9, w8, #10`
	`    stxr w10, w9, [x0]`
	`    cbnz w10, .L1`
	`    ret`

「7.1.2 リード・モディファイ・ライト」で示した非アトミックバージョンのものと非常によく似た、ロード命令、加算命令、ストア命令からなるアセンブリが得られた。ロード命令とストア命令は「排他的な」LL/SC用のものに置き換えられており、さらに`cbnz`（compare and branch on nonzero）命令が追加されている。`stxr`命令は`w10`に、成功すると0を、失敗すると1を書き出す。`cbnz`命令はこの値を使用して、失敗していたら操作全体を再実行する。

x86-64の`lock add`と異なり、もとの値を取得するのに特殊なことをする必要はない。上の例では、操作が成功した場合も元の値はレジスタ`w8`にある。`xadd`のような特殊な命令は必要ない。

このLL/SCパターンは非常に柔軟だ。`add`や`or`などの限定された演算に限られるわけではなく、事実上どんなものにでも使える。アトミックな`fetch_divide`や`fetch_shift_left`なども、`ldxr`命令と`stxr`命令の間に対応する演算を書くだけで簡単に実装できる。ただし、これらの間の命令数が過大になると、余分な繰り返しによって破滅的な結果になる可能性が増える。一般に、コンパイラはLL/SCパターン内の命令数を可能な限り小さく保とうとする。そうしないとLL/SCループが稀にしか、もしくは全く成功しなくなり、永遠に回り続けることになるからだ。

> **ARMv8.1のアトミック命令**
>
> 最近のARM64では、ARMv8.1の一部として、主要なアトミック操作がCISCスタイルの命令で新たにサポートされている。例えば、新しいldadd（load and add）命令はアトミックなfetch_add操作と等価で、LL/SCループを使う必要がない。x86-64にはないfetch_maxなどの操作もサポートされている。
>
> compare_exchangeに対応するcas（compare and swap）命令もある。この命令を用いる場合には、x86-64の場合と同じでcompare_exchangeとcompare_exchange_weakは同じになる。
>
> LL/SCパターンは非常に柔軟で一般的なRISCパターンにうまくマッチしているが、これらの新しい命令を用いたほうが性能は高い。特殊なハードウェアを用いて最適化するためにはこちらの方が楽だからだ。

7.1.3.2 ARMでの比較交換

compare_exchange操作は、比較に失敗した際に条件分岐でストア命令をスキップするようにすれば、LL/SCパターンにきれいにはまる。生成されるアセンブリを見てみよう。

Rustソース	ARMでコンパイル

<pre>pub fn a(x: &AtomicI32) {
    x.compare_exchange_weak(5, 6, Relaxed, Relaxed);
}</pre>
	<pre>a:
	    ldxr w8, [x0]
	    cmp w8, #5
	    b.ne .L1
	    mov w8, #6
	    stxr w9, w8, [x0]
	    ret
	.L1:
	    clrex
	    ret</pre>

compare_exchange_weakは通常ループの中で使用し、比較に失敗したら繰り返す。この例では、1度だけ呼び出して返り値を無視している。これは、余分なアセンブリが出力されないようにするためだ。

ldxr命令で値をロードする。この値は直後にcmp（compare）命令で、期待される値5と比較される。次のb.ne（branch if not equal）命令で、値が期待したものでなかった場合には.L1ラベルにジャンプしている。そこでは、clrex命令でLL/SCパターンをアボートしている。値が期待した通り5であった場合にはそのまま実行が続いて、mov命令とstxr命令とで新しい値6がメモリに書き出される。ただしその間に誰も5を上書きしていなかった場合に限られる。

strxは偽陰性を示す場合があることに注意しよう。つまり、5が上書きされていなくても失敗する場合があるのだ。ここではそれは問題ない。compare_exchange_weakも偽陰性が許されているからだ。実際、compare_exchangeのweak版が存在するのはこれが理由だ。

compare_exchange_weakをcompare_exchangeに置き換えると、ほぼ同じだが、操作を再実行するための余分な分岐が含まれたアセンブリが得られる。

Rustソース	ARMでコンパイル

<pre>pub fn a(x: &AtomicI32) {
    x.compare_exchange(5, 6, Relaxed, Relaxed);
}</pre>
	<pre>a:
	    mov w8, #6
	.L1:
	    ldxr w9, [x0]
	    cmp w9, #5
	    b.ne .L2
	    stxr w9, w8, [x0]
	    cbnz w9, .L1
	    ret
	.L2:
	    clrex
	    ret</pre>

予想された通り、LL/SCループが失敗した際に再実行するためのcbnz（compare and branch on nonzero）命令が追加されている。また、ループの長さを最小に保つために、mov命令がループの外に出されている。

比較交換ループの最適化

「7.1.2.2　x86比較交換命令」で説明したように、fetch_or操作と、それに等価なcompare_exchangeループは、x86-64では全く同じ命令列にコンパイルされた。少なくともcompare_exchange_weakに関しては、同じことがARMでも起きないかと期待する読者もいるかもしれない。ロードしてから比較交換する操作は、直接LL/SC命令列にマップできるからだ。

残念ながら、現時点（Rust 1.66.0）ではそうはなっていない。

コンパイラは常に改良されているので、将来的には変わるかもしれないが、コンパイラにとって、手で書かれた比較交換ループを、対応するLL/SCループに安全に変換するのは非常に難しい。その理由の1つは、stxrとldxrの間における命令の数と種類に制限があることだ。コンパイラは、このような制約を考慮して他の最適化を行うようには設計されていない。比較交換ループのようなパターンが認識できる段階では、ある式がコンパイルされた結果の命令列が厳密にはわからない。このことが、一般的なケースに対してこの種の最適化を行うことを非常に難しくしている。

したがって、少なくともコンパイラがさらに賢くならない限り、専用の「取得して変更」メソッドがある場合には比較交換ループを自分で書くのではなく、そのメソッドを使ったほうがいい。

7.2 キャッシュ

メモリからの読み込みとメモリへの書き出しは遅く、数十、数百命令を実行できるほどの時間が簡単にかかってしまう。そこで、高性能のプロセッサはすべて、相対的に低速なメモリとのやり取りを可能な限り避けるために、**キャッシュ(cache)**を実装している。近代的なプロセッサのメモリキャッシュの実装の詳細は非常に複雑だし、一部は非公開で、さらに重要なことにプログラムを書いている我々には関係ない。結局のところ、「cache」という単語は「hidden(隠れた)」を意味するフランス語の「caché」から来ているのだから。とはいえ、ほとんどのプロセッサがキャッシュを実装する際に用いている基本的な原理を理解しておくことは、ソフトウェアの性能を最適化する上で非常に有用だ(もちろん興味深いトピックを学ぶのに言い訳など必要ないのだが)。

非常に小規模のマイクロコントローラを除けば、事実上すべての近代的なプロセッサはキャッシュを用いている。プロセッサは直接メインメモリとやり取りすることはなく、すべての読み込みリクエストと書き出しリクエストをキャッシュに送る。ある命令が、メモリから何かを読み込む必要があれば、プロセッサはキャッシュにそのデータをリクエストする。すでにキャッシュに存在すれば、メインメモリとやり取りすることなくキャッシュされていたデータを素早く返す。キャッシュに存在しなければ、遅い経路を辿ることになる。つまりキャッシュはメインメモリに関連するメモリ領域のコピーをリクエストする。メインメモリからデータが得られたら、キャッシュはそれを元の読み込みリクエストに対して返すだけでなく、そのデータを覚えておき、次にそのデータがリクエストされたらすぐ答えられるようにしておく。キャッシュがいっぱいになったら、最も有用でなさそうに思える古いデータからドロップしていく。

ある命令がメモリに何かを書き出そうとした際には、キャッシュは、変更されたデータをメインメモリに返さないという判断をする場合がある。それ以降の同じアドレスへの読み込みリクエストに対しては、変更されたデータのコピーが返され、メインメモリ上の古くなったデータは無視される。データをメインメモリに書き出すのは、変更されたデータがドロップされるときだけだ。

ほとんどのプロセッサアーキテクチャでは、たとえ1バイトだけ要求されたとして、キャッシュは64バイトのブロック単位でメモリを読み書きする。このブロックは「キャッシュライン」とも呼ばれる。要求されたデータの周辺64バイトをキャッシュすることで、後続命令がそのブロック内の他のバイトへアクセスした場合には、メインメモリを待たずに実行を続けることができる。

7.2.1 キャッシュ一貫性

近代的なプロセッサは、通常複数レイヤのキャッシュを持つ。第1レイヤのキャッシュすなわち**レベル1(L1)キャッシュ**は、最も小さく最も高速だ。このキャッシュは直接メインメモリと通信せず、はるかに大きいが低速なレベル2(L2)キャッシュと通信する。L2キャッシュが直接メインメモリに通信する場合もあるが、さらにもう一層のより大きくより低速なL3キャッシュと通信する場合もある。プロセッサによってはL4キャッシュまで用いる場合もある。

レイヤが追加されても動作が大きく変わるわけではない。各層は独立に動作する。話が面白くなるのは、複数のプロセッサコアが個別にキャッシュを持つ場合だ。マルチコアシステムでは、各プロセッサコアが個別にL1キャッシュを持ち、L2やL3は一部の複数のコア、もしくはすべてのコアで共有するのが普通だ。

このような状況では、素朴なキャッシュ実装は動作しない。各キャッシュは下のレイヤとの通信をすべて制御下に置いていることを仮定できなくなるからだ。あるキャッシュが、書き出しを受けた際に、他のキャッシュに通知せずそのキャッシュラインを更新済みとマークすると、キャッシュの状態が不整合を起こす。変更されたデータが下のレイヤのキャッシュに書き出されるまで他のコアで使用できなくなるだけでなく、他のキャッシュで行われた別の変更と衝突することもありうる。

この問題を解決するために、**キャッシュ一貫性プロトコル（cache coherence protocol）**が用いられる。このプロトコルは、すべてが整合した状態を保てるように、各キャッシュの動作と他のキャッシュとの通信方法を定義したものだ。プロトコルの詳細はアーキテクチャやプロセッサモデルによって異なるし、キャッシュレベルによって異なる場合もある。

ここでは2つの基本的な一貫性プロトコルを紹介する。近代的なプロセッサは、この2つのプロトコルのどちらかのバリエーションを用いている。

7.2.1.1 ライトスルー・プロトコル

ライトスルー・キャッシュ一貫性プロトコル（write-through cache coherence protocol）を実装するキャッシュでは、書き出しは全くキャッシュされず、即座に次のレイヤに送られる。次のレイヤに接続されている他のキャッシュも、同じ通信チャネルを通じて接続されており、元のキャッシュから次のレイヤへの通信を観測することができる。あるキャッシュが、自分がキャッシュしているのと同じアドレスに書き出されたのを観測すると、そのキャッシュは即座にキャッシュをドロップするか更新するかして、キャッシュを整合した状態に保つ。

このプロトコルでは、キャッシュは決して変更状態にはならない。このおかげで物事が非常に単純になるのだが、同時に書き出しに対するキャッシュの効果はなくなる。読み込みに対してだけ最適化したいのであれば、このプロトコルは素晴らしい選択肢となる。

7.2.1.2 MESIプロトコル

MESIキャッシュ一貫性プロトコル（MESI cache coherence protocol）は、このプロトコルがキャッシュラインが取りうる状態として定義したModified、Exclusive、Shared、Invalidの4つの状態に基づいて名付けられている。Modified(M)は、変更されているがいまだメモリ（もしくは次レイヤのキャッシュ）に書き出されていないキャッシュラインに用いられる。Exclusive(E)は、同じレベルの他のキャッシュにキャッシュされていない、変更されていないキャッシュラインに用いられる。Shared(S)は、同じレベルの他のキャッシュにキャッシュされているかもしれない、変更されていないキャッシュラインに用いられる。Invalid(I)は、（空もしくはドロップされて）使用されておらず、有用なデータを含んでいないキャッシュラインに用いられる。

このプロトコルを用いるキャッシュは、同じレベルのすべての他のキャッシュと通信できる。更新やリクエストを互いに送信することで、相互に整合した状態に保つことができる。

あるキャッシュが受け取ったあるアドレスに対するリクエストを受け取り、そのキャッシュがそのアドレスを保有していなかった場合（**キャッシュミス（cache miss）**）、そのキャッシュはすぐに次のレイヤにリクエストしない。まず、同じレイヤの他のキャッシュにそのキャッシュラインを持っていないかを尋ねる。誰も持っていなければ、（遅い）次のレイヤにリクエストし、得られたキャッシュラインをExclusive(E)とマークする。このキャッシュラインが書き出しによって変更されると、このラインはModified(M)に変更される。この際、同じレイヤの他のキャッシュに通知する必要はない。同じキャッシュラインを保持しているキャッシュはないからだ。

必要なキャッシュラインが同じレイヤの他のキャッシュにあった場合には、そのキャッシュから直接取得し、Shared(S)とマークする。このキャッシュラインがModified(M)だった場合には、まず次のレイヤに書き出して（**フラッシュ（flush）**して）それからShared(S)になり共有される。このキャッシュラインがExclusive(E)だった場合には、すぐにShared(S)になる。

そのキャッシュが、共有アクセスではなく排他アクセスを欲する場合（例えば直後にデータを書き換えようとしている場合）には、他のキャッシュのそのキャッシュラインはShared(S)にならずにInvalid(I)になることでまるごとドロップされる。この場合、元のキャッシュではこのキャッシュラインはExclusive(E)になる。

すでにShared(S)として保有しているキャッシュラインの排他アクセスが必要な場合には、他のキャッシュにそのキャッシュラインをドロップするように伝えてから、Exclusive(E)にアップグレードする。

このプロトコルにはさまざまなバリエーションがある。例えば、**MOESI**プロトコルは、次のレイヤに書き出さずに共有しているデータを変更することを可能にするために状態を1つ追加している。また、**MESIF**プロトコルは複数のキャッシュが保持している共有キャッシュラインに対してどのキャッシュが対応するべきかを決めるために状態を1つ追加している。近代的なプロセッサの多くは、さらに複雑で非公開のキャッシュ一貫性プロトコルを用いている。

7.2.2 性能への影響

キャッシュはほとんど我々の目からは見えないが、キャッシュの挙動は我々のアトミック操作の性能に大きな影響を及ぼす。いくつかの影響を測定してみよう。

アトミック操作1つの速度を測定するのは非常に難しい。速すぎるのだ。有用な数字を得るには何度も、例えば10億回ぐらい操作を繰り返して、全実行時間を測定する必要がある。例として、以下のように10億回ロードを行ってみよう。

```
static A: AtomicU64 = AtomicU64::new(0);

fn main() {
    let start = Instant::now();
    for _ in 0..1_000_000_000 {
        A.load(Relaxed);
    }
    println!("{:?}", start.elapsed());
}
```

残念ながら、これは思った通りには動かない。

最適化を有効にして（`cargo run --release`や`rustc -O`のようにして）、このコードを実行してみると不可解なほど小さい測定時間値が得られる。コンパイラは十分賢く、ロードした値を使っていないことを理解して、「不要な」ループを最適化して完全に消してしまうのだ。

これを避けるには、特殊な関数`std::hint::black_box`を用いる。この関数は任意の型を引数として取ることができ、何もせずにそのまま返す。この関数が特殊なのは、コンパイラはこの関数が何をするのかを推測しないように全力を尽くすということだ。コンパイラはこの関数を、何をするかわからない「ブラックボックス」として扱う。

この関数を使うとベンチマークを無効化してしまうある種の最適化を避けることができる。この場合black_box()にロード操作の結果を渡すことで、ロードされた値を実際には使用しないことを想定するすべての最適化を止めることができる。しかしそれだけでは十分ではない。コンパイラはAが常に0であることを想定し、ロード操作を不要だと考えてしまう。この問題を解決するには、black_box()にAへの参照を最初に与えればいい。これで、コンパイラはAへアクセスできるスレッドが1つしかないと想定できなくなる。つまり、コンパイラはblack_box(&A)がAを読み書きする別のスレッドを起動したかもしれないと想定せざるを得ないのだ。

試してみよう。

```
use std::hint::black_box;

static A: AtomicU64 = AtomicU64::new(0);

fn main() {
    black_box(&A); // New!
    let start = Instant::now();
    for _ in 0..1_000_000_000 {
        black_box(A.load(Relaxed)); // New!
    }
    println!("{:?}", start.elapsed());
}
```

何回も実行すると結果は微妙に変動するが、それほど最新ではないx86-64計算機では、およそ300ミリ秒かかった。

キャッシュの影響を調べるために、アトミック変数にアクセスするバックグラウンドスレッドを起動する。こうすることで、メインスレッドのロード操作への影響を観測する。

まず、バックグラウンドスレッドでロードのみ行うようにして試してみよう。

```
static A: AtomicU64 = AtomicU64::new(0);

fn main() {
    black_box(&A);

    thread::spawn(|| { // New!
        loop {
            black_box(A.load(Relaxed));
        }
    });

    let start = Instant::now();
    for _ in 0..1_000_000_000 {
        black_box(A.load(Relaxed));
    }
```

```
        println!("{:?}", start.elapsed());
    }
```

バックグラウンドスレッドの操作の性能を測定していないことに注意しよう。以前と同様に、メインスレッドが10億回のロード操作を実行するのにかかる時間を測定している。

このプログラムを同じx86-64の計算機で実行すると、結果は以前と似たようなものになるはずだ。つまり300ミリ秒あたりを振動する。バックグラウンドスレッドはメインスレッドに大きな影響を与えない。2つのスレッドはおそらく別のプロセッサコアで実行されるが、それぞれのコアがAのコピーをキャッシュするので、高速なアクセスが可能なのだ。

次に、バックグラウンドスレッドを変更して、ストア操作を行うようにしてみよう。

```
static A: AtomicU64 = AtomicU64::new(0);

fn main() {
    black_box(&A);
    thread::spawn(|| {
        loop {
            A.store(0, Relaxed); // New!
        }
    });
    let start = Instant::now();
    for _ in 0..1_000_000_000 {
        black_box(A.load(Relaxed));
    }
    println!("{:?}", start.elapsed());
}
```

今度は大きな違いが見られる。このプログラムを同じx86-64計算機で実行すると、結果はまるまる3秒あたりを振動する。つまりほとんど10倍かかる。最近の計算機では差はこれほど大きくないが、やはり測定してわかる程度の違いがある。例えば、AppleのM1プロセッサでは、350ミリ秒から500ミリ秒、AMDの最新のx86-64プロセッサでは、250ミリ秒から650ミリ秒になった。

この挙動は、我々の理解するキャッシュ一貫性プロトコルの動作と合致する。ストア操作はキャッシュラインへの排他アクセスを必要とするので、もう一方のコアでの後続するロード操作を遅くする。そのキャッシュラインを共有できなくなるからだ。

Compare-and-Exchange操作失敗時の挙動

バックグラウンドスレッドで比較交換操作だけを行い、それが失敗した場合、興味深いことにほとんどのプロセッサアーキテクチャで、書き出し操作の場合と同じ影響が見られる。

これを試すには、バックグラウンドスレッドのストア操作を、決して成功しないcompare_exchangeに置き換えてみよう。

```
        …
            loop {
                // Aは10にはならないので、決して成功しない
```

```
            black_box(A.compare_exchange(10, 20, Relaxed, Relaxed).is_ok());
        }
    …
```

Aは常に0なので、このcompare_exchange操作は決して成功しない。Aの現在の値を読み込むが、新しい値に更新することはない。

アトミック変数を書き換えることはないので、ロード操作と同じように振る舞うのではないかと思うかもしれない。しかし、ほとんどのプロセッサアーキテクチャでは、compare_exchange命令は、比較が成功しようが失敗しようが、関連するキャッシュラインの排他アクセス権を要求する。

したがって、**「4章　スピンロックの実装」**で作成したSpinLockのようなスピンループでは、compare_exchangeをいきなり使うのではなく、先にload操作で値をチェックしてロックされているかどうかを確認した方がいい。そうすれば、キャッシュラインに対して不必要な排他アクセスを要求しなくて済む。

キャッシュは、個々のバイトや変数単位で行われるのではなく、キャッシュラインごとに行われるので、同一の変数に対するアクセスでなくても、隣接した変数へのアクセスでも同じ効果が見られる。これを試すために、1つではなく3つのアトミック変数を使って実験してみよう。メインスレッドは真ん中の変数だけを使い、バックグラウンドスレッドはそれ以外の2つの変数だけを使う。

```
static A: [AtomicU64; 3] = [
    AtomicU64::new(0),
    AtomicU64::new(0),
    AtomicU64::new(0),
];

fn main() {
    black_box(&A);
    thread::spawn(|| {
        loop {
            A[0].store(0, Relaxed);
            A[2].store(0, Relaxed);
        }
    });
    let start = Instant::now();
    for _ in 0..1_000_000_000 {
        black_box(A[1].load(Relaxed));
    }
    println!("{:?}", start.elapsed());
}
```

これを実行してみると、以前と同じような結果が得られ、以前と同じx86-64の計算機では数秒かかる。A[0]、A[1]、A[2]はそれぞれ1つのスレッドからしかアクセスされていないのだが、1つの変数を2つのスレッドからアクセスした場合と同じ影響が見られた。これは、A[1]が他の2つの変数のどちらか一方（もしくは両方）と同じキャッシュラインにあるからだ。バックグラウンドスレッドを実行しているプロセッサは、A[0]とA[2]が存在するキャッシュラインに対する排他アクセスを繰り返し要求するが、これらのキャッシュラインの一方（同じキャッシュラインかもしれない）にA[1]も含まれるため、「無関係な」はずのA[1]への操作も影響を受けてしまうのだ。このような現象を**偽共有（false sharing）**と呼ぶ。

これを避けるには、アトミック変数同士を遠ざけて、それぞれが別のキャッシュラインに乗るようにすればいい。以前にも述べたように、キャッシュラインのサイズとしては64バイトと考えるのが妥当なので、64バイトでアラインされる構造体でアトミック変数をラップしてみよう。

```
#[repr(align(64))] // この構造体は 64 バイトでアラインする必要がある
struct Aligned(AtomicU64);

static A: [Aligned; 3] = [
    Aligned(AtomicU64::new(0)),
    Aligned(AtomicU64::new(0)),
    Aligned(AtomicU64::new(0)),
];

fn main() {
    black_box(&A);
    thread::spawn(|| {
        loop {
            A[0].0.store(1, Relaxed);
            A[2].0.store(1, Relaxed);
        }
    });
    let start = Instant::now();
    for _ in 0..1_000_000_000 {
        black_box(A[1].0.load(Relaxed));
    }
    println!("{:?}", start.elapsed());
}
```

コンパイラに対して#[repr(align)]属性で、この型に対する（最小の）アラインメントをバイト数で指定している。AtomicU64は8バイトしかないので、このようにすると56バイトのパディングがAligned構造体に付加される。

このプログラムを実行すると、速度低下は見られなくなる。バックグラウンドスレッドがなかった場合と同じ結果、つまり先ほどと同じx86-64計算機では300ミリ秒程度となる。

実験対象のプロセッサによっては、同じ効果を得るためには、128バイトアラインメントを使用する必要がある。

上の実験からわかることは、無関係なアトミック変数はあまり近くに置かない方がいいということだ。例えば、小さいMutexを密な配列として持つと、Mutex間に隙間を空けたような構造よりも性能が悪くなる場合がある。

一方、複数の（アトミック）変数が互いに関連していて連続的にアクセスされるのであれば、近くにまとめておいた方がいい。例えば**「4章　スピンロックの実装」**に示したSpinLock<T>では、TをAtomicBoolのすぐ隣に配置していた。ということはAtomicBoolを含むキャッシュラインがTも含むことを意味する。つまり、一方の（排他的）アクセスの取得が、他方も含むことになる。これが良い効果をもたらすかどうかは、完全に状況に依存する。

7.3 リオーダ

例えば本章で先に説明した、MESIプロトコルなどを用いたコンシステントキャッシュは、複数のスレッドが関連する場合でも、一般にプログラムの正しさには影響しない。コンシステントキャッシュによる観測可能な相違はタイミングだけだ。しかし、近代的なプロセッサは、少なくとも複数のスレッドが関連する場合には、プログラムの正しさに大きく影響する最適化をたくさん行う。

「3章　メモリオーダリング」の冒頭で、**命令リオーダ（instruction reordering）**について説明した。コンパイラとプロセッサの双方が命令の順を変える可能性があるのだった。プロセッサだけに着目しても、命令もしくはその影響が**順番通りではなく（out of order）**起こる場合が、以下のようにたくさんある。

ストアバッファ

キャッシュに対してであっても、書き出しは低速なので、プロセッサコアには**ストアバッファ（store buffer）**が用意されている。メモリへの書き出し操作は、ストアバッファに書き出される。これは非常に高速なので、それ以降の命令を即座に続けて実行することができる。その舞台裏で、はるかに低速なL1キャッシュに対して書き出しが行われる。こうすることで、プロセッサは、キャッシュ一貫性プロトコルによって他のキャッシュラインから排他アクセスが取得できるのを待たずに、先に進むことができる。

後続する同じメモリアドレスに対する読み込み操作に対して特別の注意を払う限り、同じプロセッサコアで動作する同じスレッドで実行される命令からは、この過程は見えない。しかし、書き出し操作が他のコアに見えていない瞬間があり、他のコアで動作している他のスレッドからは、不整合に見える場合がある。

無効化キュー

どの一貫性プロトコルでも、並列に動作するキャッシュは無効化リクエストを処理しなければならない。無効化リクエストとは、特定のキャッシュラインを変更するのでドロップせよという命令だ。性能を最適化するために、このようなリクエストは即座に実行されずキューに蓄積され、（わずかではあるが）後に処理される。このような無効化キューが使われるとキャッシュは常に整合しているわけではなくなる。キャッシュラインがドロップされるまでの短い間、古くなっているからだ。ただしこれはシングルスレッドプログラムでは問題にならず、速くなるぐらいしか影響はない。影響は、他のコアによる書き出し操作の見え方で、非常にわずかにだが、遅れて見える。

パイプライン

パイプライン（pipelining）も非常に一般的なプロセッサの機能で、性能向上に大きく寄与する。これは可能な場合には連続した命令を並列に実行するものだ。ある命令が実行を終える前に、次の命令の実行を開始する。近代的なプロセッサでは、最初の命令がまだ実行している最中に、かなりの数の連続した命令の実行を開始する。

個々の命令が直前の命令の結果に依存している場合には、あまりいいことはない。直前の命令の結果を待たなければならないからだ。しかし、直前の命令と独立に実行できる場合には、そちらの命令の方が先に終わることもありうる。例えば、ある命令がレジスタをインクリメントするだけだった場合、直前に実行を開始した命令がメモリからデータを読み込むのを待つなど何らかの遅い操作を行っていると、インクリメントの方が先に終了する。

これもシングルスレッドプログラムには（速度以外の）影響を与えないが、メモリに対する操作命令の実行順序が変わってしまうと、他のコアとの相互作用の順番が変わる可能性がある。

近代的なプロセッサには、予想したものと全く異なる順序で命令を実行するような機能がたくさんある。これらには非公開なものも多くあり、悪意のあるプログラムがその機能の微妙なバグを利用したことによって初めて明らかになることもある。しかし、これらの機能が期待通りに動作する場合には、1つ共通点がある。シングルスレッドプログラムには、タイミング以外には影響はないが、他のコアとの相互作用が現れる順番が不整合になる場合がある、ということだ。

メモリ操作のリオーダを許すプロセッサアーキテクチャでは、リオーダを妨げる特殊な命令も提供している。これらの命令は、例えば、ストアバッファを強制的にフラッシュしたり、実行前にパイプライン内の命令をすべて終了させたりする。ある種のリオーダだけを妨げる命令もある。例えば、ストア命令の相互のリオーダは妨げるが、ロード命令のリオーダは許すという場合もある。どのようなリオーダが起こりうるのか、どのようにしてそれを妨げるのかは、プロセッサアーキテクチャに依存する。

7.4 メモリオーダリング

RustやCのような言語でアトミック操作を行う際には、メモリオーダリングを指定して、コンパイラにオーダリングに関する要求を伝える。コンパイラはプロセッサに対して、ルールを破るような命令リオーダの発生を妨げる、正しい命令列を生成する。

どのような命令リオーダが許されるかは、メモリ操作の種類に依存する。非アトミック操作とRelaxedなアトミック操作は、どのような命令リオーダも許容できる。その対極にあるSequentially Consistentなアトミック操作は、全く命令のリオーダを許さない。

Acquire操作は後続するメモリ操作と入れ替えてはならない。また、Release操作は先行するメモリ操作と入れ替えてはならない。こうしないと、Mutexで守られたデータに、Mutexを取得する前や解放した後にアクセスしてしまうかもしれない。こうなるとデータ競合が発生する。

> **Other-Multi-Copyアトミック**
>
> ある種のプロセッサアーキテクチャ（例えばグラフィックカードに用いられるもの）では、メモリ操作の順番による影響が、命令のリオーダだけでは説明できない場合がある。1つ目のコアの行った2つの連続したストア操作の影響が、2つ目のコアでは1つ目と同じ順番で観測され、3つ目のコアでは逆の順番で観測されることがある。これは、例えば、不整合なキャッシュや共有ストアバッファに起因することが考えられる。これらの影響は、最初のコアで命令がリオーダされたことでは説明できない。リオーダだけでは、2つ目のコアと3つ目のコアとで異なる見え方になることが説明できないからだ。
>
> **「3章　メモリオーダリング」**で説明した理論的なメモリモデルは、すべてに対してグローバルに整合した順序をSequentially Consistentなアトミック操作だけにしか求めていないので、このようなプロセッサアーキテクチャの存在も許される。
>
> 本章で焦点を当てるx86-64とARM64のアーキテクチャは、**other-multi-copyアトミック**と呼ばれるものだ。これは、書き出し操作がいずれかのコアから観測できたら、すべてのコアで同時に観測できる、というものだ。other-multi-copyアトミックアーキテクチャでは、メモリオーダリングは命令リオーダによってしか起こらない。

ARM64のようなアーキテクチャは、プロセッサがメモリ操作を自由にリオーダすることを許すので、**弱く順序付けされた（weakly ordered）**アーキテクチャと呼ばれる。一方、x86-64のような**強く順序付けされた（strongly ordered）**アーキテクチャでは、メモリ操作の入れ替えに関しては非常に強い制約を持つ。

7.4.1 x86-64：強く順序付けされたアーキテクチャ

x86-64プロセッサでは、ロード操作は後続するメモリ操作よりも後で実行されることはない。同様にこのアーキテクチャは、ストア命令が先行するメモリ操作よりも前に実行されることを許さない。x86-64で起こりうる命令入れ替えは、ストア操作が後続するロード操作よりも後に遅延される場合だけだ。

x86-64アーキテクチャは、順序付けに対して強い制約を持つため、**強く順序付けされた**アーキテクチャと呼ばれることがある。ただし、この言葉はすべてのメモリ操作の順序を守るアーキテクチャに用いるべきだと言う人もいる。

これらの制約は、Acquireロードの要請を満たし（ロードが後続する操作と入れ替えられないので）、Releaseストアの要請も満たす（ストアが先行する操作と入れ替えられないので）。したがって、x86-64ではRelease/Acquireのセマンティクスを「ただで」利用できる。Release/Acquire操作はRelaxed操作と全く同じだからだ。

「7.1.1　ロードとストア」と**「7.1.2.1　x86のlockプリフィックス」**で用いたコードで`Relaxed`を`Release`、`Aquire`、`AcqRel`に書き直して、これを確認してみよう。

Rust ソース	x86-64 アセンブリ

`pub fn a(x: &AtomicI32) {`
`    x.store(0, Release);`
`}`
	`a:`
	`    mov dword ptr [rdi], 0`
	`    ret`

`pub fn a(x: &AtomicI32) -> i32 {`
`    x.load(Acquire)`
`}`
	`a:`
	`    mov eax, dword ptr [rdi]`
	`    ret`

`pub fn a(x: &AtomicI32) {`
`    x.fetch_add(10, AcqRel);`
`}`
	`a:`
	`    lock add dword ptr [rdi], 10`
	`    ret`

期待した通り、より強いメモリオーダリングに変更したにも関わらず、出力されたアセンブリは全く同一だ。

このことから、x86-64では、コンパイラ最適化を無視すればAcquire/Release操作は、Relaxed操作と同じくらい安価であると言える。より正確に言えば、Relaxed操作がAcquire/Release操作と同等に高価なのだ。

SeqCstにすると何が起こるか見てみよう。

Rust ソース	x86-64 アセンブリ

`pub fn a(x: &AtomicI32) {`
`    x.store(0, SeqCst);`
`}`
	`a:`
	`    xor eax, eax`
	`    xchg dword ptr [rdi], eax`
	`    ret`

`pub fn a(x: &AtomicI32) -> i32 {`
`    x.load(SeqCst)`
`}`
	`a:`
	`    mov eax, dword ptr [rdi]`
	`    ret`

`pub fn a(x: &AtomicI32) {`
`    x.fetch_add(10, SeqCst);`
`}`
	`a:`
	`    lock add dword ptr [rdi], 10`
	`    ret`

loadとfetch_addについては同じアセンブリが出力されているが、storeについては全く異なるものになっている。xor命令が場違いに思えるかもしれないが、これはeaxレジスタを0にするためのよくあるテクニックだ。自分自身とxorすると結果は常に0になる。mov eax, 0としても結果は同じだが、コードサイズが少し大きくなる。

面白いのは、xchg命令だ。この命令は通常、スワップ操作、つまり古い値を取り出すと同時に値をストアするために用いられる。

以前用いた通常のmov命令ではSeqCstストアには十分ではない。movは後続するロード操作と入れ替わる可能性があるので、グローバルな整合順序を保証できないからだ。ロードも行う操作に変えることで（ロードした値は使わないのだが）、後続するメモリ操作と入れ替わらないことが保証されるようになり、この問題を解決できる。

SeqCstロード操作はmovのままでいい。これはまさに、SeqCstストアがxchgになっているからだ。SeqCstがグローバルな整合順序を保証するのは他のSeqCst操作に対してのみだ。SeqCstロードを行うmovは、それに先行するSeqCstでないストア操作と順序が入れ替わるかもしれないがそれは全く問題ない。

x86-64では、ストア操作だけがSeqCstと弱いメモリオーダリングで異なる結果になる。つまり、x86-64ではストア操作以外のSeqCstは、Release、Acquire、AcqRel、さらにはRelaxedと同じように安価だということになる。あるいは、x86-64ではストア以外のRelaxedな操作は、SeqCstな操作と同じように高価だと言ってもいい。

7.4.2 ARM64：弱く順序付けされたアーキテクチャ

ARM64のような**弱く順序付けされた**アーキテクチャでは、すべてのメモリ操作が潜在的には相互に入れ替えられる可能性がある。したがって、x86-64とは異なり、Acquire/Release操作は、Relaxedな操作とは異なる。

ARM64でRelease、Acquire、AcqRelがそれぞれどのような命令になるか見てみよう。

Rustソース	ARMでコンパイル

`pub fn a(x: &AtomicI32) {`
`    x.store(0, Release);`
`}`
	`a:`
	`    stlr wzr, [x0]` ❶
	`    ret`

`pub fn a(x: &AtomicI32) -> i32 {`
`    x.load(Acquire)`
`}`
	`a:`
	`    ldar w0, [x0]` ❷
	`    ret`

`pub fn a(x: &AtomicI32) {`
`    x.fetch_add(10, AcqRel);`
`}`
	`a:`
	`.L1:`
	`    ldaxr w8, [x0]` ❸
	`    add w9, w8, #10`
	`    stlxr w10, w9, [x0]` ❹
	`    cbnz w10, .L1`
	`    ret`

以前示したRelaxedの場合との相違はわかりにくい。

❶ str（store register）がstlr（store-release register）になっている。
❷ ldr（load register）がldar（load-acquire register）になっている。
❸ ldxr（load exclusive register）がldaxr（load-acquire exclusive register）になっている。
❹ stxr（store exclusive register）がstlxr（store-release exclusive register）になっている。

これからわかるように、ARM64はロードとストアにAcquire/Releaseオーダリング用の特別なバージョンを用意している。ldrやldxrと異なり、ldarやldxarは、後続するメモリ操作と入れ替えられることはない。同様に、strやstxrと異なり、stlrやstxlrは先行するメモリ操作と入れ替えられることはない。

AcqRelを使わずReleaseもしくはAcquireのみを用いる「取得して交換」操作では、それぞれstlxrもしくはldxarを、通常のldxrもしくはstxrと組み合わせて用いる。

これらの特殊なAcquire/Release命令は、Release/Acquireセマンティクスに必要とされる制約を満たしているだけではなく、これらの命令間の入れ替えも許さない。したがって、これらの命令はSeqCstを実装するのにも適している。

これを示すために、先ほど示した例のメモリオーダリングをSeqCstにしてみよう。

Rustソース	ARMでコンパイル

`pub fn a(x: &AtomicI32) {`
`    x.store(0, SeqCst);`
`}`
	`a:`
	`    stlr wzr, [x0]`
	`    ret`

`pub fn a(x: &AtomicI32) -> i32 {`
`    x.load(SeqCst)`
`}`
	`a:`
	`    ldar w0, [x0]`
	`    ret`

`pub fn a(x: &AtomicI32) {`
`    x.fetch_add(10, SeqCst);`
`}`
	`a:`
	`.L1:`
	`    ldaxr w8, [x0]`
	`    add w9, w8, #10`
	`    stlxr w10, w9, [x0]`
	`    cbnz w10, .L1`
	`    ret`

つまり、ARM64では、Sequentially Consistentな操作は、Acquire/Release操作と全く同じように安価だということだ。Acquire、Release、AcqRelはSeqCstと同じように高価だ、と言ってもいい。ただし、Relaxed操作は比較的安価だ。不必要に強いメモリオーダリング保証を行わないからだ。

ARMv8.1のアトミックReleaseとアトミックAcquire命令

囲み「**ARMv8.1のアトミック命令**」で説明したように、ARM64のARMv8.1では、ldxr/stxrループの代わりに利用できるldadd（load and add）などの、CISCスタイルの命令が用意されている。

ロード命令とストア命令にAcquireやReleaseのセマンティクスを持つ特殊なバリエーションがあるのと同様に、これらのCISCスタイル命令にも、強いメモリオーダリングを持つバリエーションがある。これらの命令はロードとストアの双方を行うため、3つのバリエーションが追加されている。Release（-l）、Acquire（-a）、ReleaseとAcquireを組み合わせたもの（-al）の3つだ。

例えば、ldaddに対してはldaddl、ldadda、ldaddalがある。同様に、casにはcasl、casa、casalがある。

ロード命令やストア命令の場合と同様に、ReleaseとAcquireを組み合わせたもの（-al）は、SeqCst操作にも使える。

7.4.3 実験

強く順序付けされたアーキテクチャが広く用いられているので、ある種のメモリオーダリングバグが簡単に見過ごされたままになる可能性がある。AcquireやReleaseが必要な場合にRelaxedを用いるのは正しくないが、コンパイラがアトミック操作の入れ替えを行わない限り、x86-64ではたまたま問題なく動作してしまう。

実行順序の入れ替えを行うのはプロセッサだけではないことに注意しよう。コンパイラも、メモリオーダリングの制約を考慮した上で、生成する命令を入れ替えることを許されている。実際には、コンパイラはアトミック操作に関連した最適化については非常に保守的だが、これも将来は変わる可能性が多いにある。

つまり、x86-64では（たまたま）完全に動作するが、ARM64プロセッサでコンパイルして実行すると誤動作するプログラムが簡単に書けてしまうということだ。

試してみよう。

スピンロックで保護されたカウンタを作成する。ただし、すべてのメモリオーダリングをRelaxedに変更する。新しく型を作ったりunsafeなコードを書いたりすると面倒なので、ロックにはAtomicBoolを、カウンタにはAtomicUsizeを用いることにしよう。

AcquireとReleaseを使うべきだった部分に、std::sync::compiler_fence()関数を使用し、コンパイラが命令の入れ替えをしないようにする。これはプロセッサには伝わらない。

4つのスレッドを作り、ロックしてカウンタをインクリメントしてアンロックする、という動作を100万回ずつ行う。これらをまとめると下のようなコードになる。

```
fn main() {
    let locked = AtomicBool::new(false);
    let counter = AtomicUsize::new(0);

    thread::scope(|s| {
        // 4つのスレッドを起動。それぞれ100万回繰り返す
        for _ in 0..4 {
            s.spawn(|| for _ in 0..1_000_000 {
                // ロックを取得する。メモリオーダリングが間違っている
                while locked.swap(true, Relaxed) {}
                compiler_fence(Acquire);

                // ロックを保持したまま、非アトミックにカウンタをインクリメント
                let old = counter.load(Relaxed);
                let new = old + 1;
                counter.store(new, Relaxed);

                // ロックを解放。メモリオーダリングが間違っている
                compiler_fence(Release);
                locked.store(false, Relaxed);
            });
        }
```

```
    });

    println!("{}", counter.into_inner());
}
```

ロックが正しく動作すれば、最終的なカウンタの値は正確に400万になるはずだ。カウンタのインクリメントは非アトミックに行っていることに注意しよう。`fetch_add`を使わず、`load`と`store`を別々に行うことで、スピンロックに何か問題が起きたら、確実にインクリメントに失敗し、その結果カウンタの総計が変わるようにしている。

このプログラムを何度か実行すると、x86-64プロセッサでは以下の結果が得られる。

```
4000000
4000000
4000000
```

予想通り、Release/Acquireセマンティクスは「ただで」手に入り、我々のミスは何の問題も引き起こさなかった。

ARM64プロセッサを搭載した2021年のAndroid携帯やRaspberry Pi 3 model Bでの結果は以下のようになる。

```
4000000
4000000
4000000
```

このことからすべてのARM64プロセッサがすべての形の命令リオーダを実装しているわけではないことがわかる。とはいえ、この実験だけからではあまり多くのことはわからないが。

ARM64ベースのApple M1プロセッサを持つ2021年のApple iMacでは結果が変わってくる。

```
3988255
3982153
3984205
```

上のコードでおかしたミスが突然、実際の問題となって現れた。この問題は弱く順序付けされたシステムでしか現れない。カウンタの誤差はわずか0.4%で、このことからもこの問題がわかりにくいことが示される。実世界では、このようなミスは、非常に長い間見つからないままになりうる。

上に示した結果を再現したいなら、`cargo run --release`もしくは`rustc -O`のようにして、最適化を有効にすることを忘れないようにしよう。最適化を行わないと同じコードに対してもっと多くの命令が出力され、命令順序入れ替えの微妙な影響が隠れてしまうからだ。

7.4.4 メモリフェンス

まだ説明していないメモリオーダリング関連命令がある。メモリフェンスだ。**メモリフェンス**（memory fence）もしくは**メモリバリア**（memory barrier）命令は、「3.8　フェンス」で説明したstd::sync::atomic::fenceを表すために用いられる。

すでに説明したように、x86-64とARM64では、メモリオーダリングは命令リオーダの問題に他ならない。フェンス命令は、その命令をまたいだ特定の種類の命令リオーダを妨げる。

Acquireフェンスは、フェンスに先行するロード操作を、フェンスに後続するすべてのメモリ操作とリオーダすることを妨げる。同様に、Releaseフェンスは、フェンスに後続するストア操作を、フェンスに先行するすべてのメモリ操作とリオーダすることを妨げる。Sequentially Consistentフェンスは、フェンスに先行するすべてのメモリ操作を、フェンスに後続するすべてのメモリ操作とリオーダすることを妨げる。

x86-64では、基本的なメモリオーダリングセマンティクスがAcquireフェンスとReleaseフェンスの要請を満たしている。このアーキテクチャでは、これらのフェンスが妨げる種類のリオーダを、はじめから許さない。

4種類のフェンスがx86-64とARM64で、それぞれどのような命令にコンパイルされるのか見てみよう。

Rustソース	x86-64アセンブリ	ARM64アセンブリ

`pub fn a() {`
`    fence(Acquire);`
`}`
	`a:`
	`    ret`
		`a:`
		`    dmb ishld`
		`    ret`

`pub fn a() {`
`    fence(Release);`
`}`
	`a:`
	`    ret`
		`a:`
		`    dmb ish`
		`    ret`

`pub fn a() {`
`    fence(AcqRel);`
`}`
	`a:`
	`    ret`
		`a:`
		`    dmb ish`
		`    ret`

`pub fn a() {`
`    fence(SeqCst);`
`}`
	`a:`
	`    mfence`
	`    ret`
		`a:`
		`    dmb ish`
		`    ret`

予想通り、x86-64ではReleaseフェンスとAcquireフェンスは何も命令が出力されない。このアーキテクチャでは、ReleaseセマンティクスとAcquireセマンティクスは「ただ」なのだ。SeqCstフェンスだけはmfence（memory fence）命令にコンパイルされる。この命令は、先行するすべてのメモリ操作が終了しないと、これより先に進まないことを保証する。

ARM64ではmfenceに相当する命令はdmb ish（data memory barrier, inner shared domain）だ。x86-64の場合と異なり、この命令がReleaseとAcqRelにも用いられる。これはARM64では暗黙にAcquire/Releaseセマンティクスが与えられないからだ。Acquireについてはやや影響の小さいバリエーションであるdmb ishldが用いられる。これは、先行するロード操作が終了するのを待つが、ストア操作については以降の命令とのリオーダを許す。

これまで説明してきたアトミック操作と同様に、x86-64は、ReleaseフェンスとAcquireフェンスを「ただ」で提供し、ARM64は、Sequentially ConsistentフェンスとReleaseフェンスを同じコストで提供する。

7.5 まとめ

- x86-64でもARM64でも、Relaxedなロード操作とストア操作は非アトミックなものと同じ命令になる。
- 一般的に用いられるアトミックな「取得して変更」と比較交換は、x86-64（およびARMv8.1以降のARM64）では、専用の命令となる。
- x86-64では、対応する命令がないアトミック操作は、比較交換ループにコンパイルされる。
- ARM64では、すべてのアトミック操作がload-linked/store-conditionalループで表現できる。このループは、試みたメモリ操作が妨害されると自動的に再実行する。
- キャッシュはキャッシュライン単位で動作する。多くの場合は64バイトである。
- キャッシュはキャッシュ一貫性プロトコルによって整合した状態に保たれる。プロトコルには、ライトスルーやMESIがある。
- `#[repr(align(64))]`などを用いたパディングは、**偽共有**を防ぐことで性能向上に有用である。
- ロード操作は失敗した比較交換操作よりもはるかに安価だ。この理由の一部は、後者がキャッシュラインの排他アクセスを要求するからだ。
- 命令リオーダの影響は、シングルスレッドプログラムからは観測できない。
- x86-64とARM64を含むほとんどすべてのアーキテクチャでは、メモリオーダリングは特定の種類の命令リオーダを妨げることで実現される。
- x86-64ではすべてのメモリ操作がAcquire/Releaseセマンティクスを持つため、Relaxedな操作と全く同じように安価、もしくは高価となる。ストア操作とフェンス操作以外は、さらにSequentially Consistentセマンティクスも持つ。コストはかからない。
- ARM64では、AcquireとReleaseセマンティクスはRelaxedな操作よりも高価だが、Sequentially Consistentセマンティクスには、それ以上のコストはかからない。

本章で説明したアセンブリ命令を**図7-1**にまとめた。

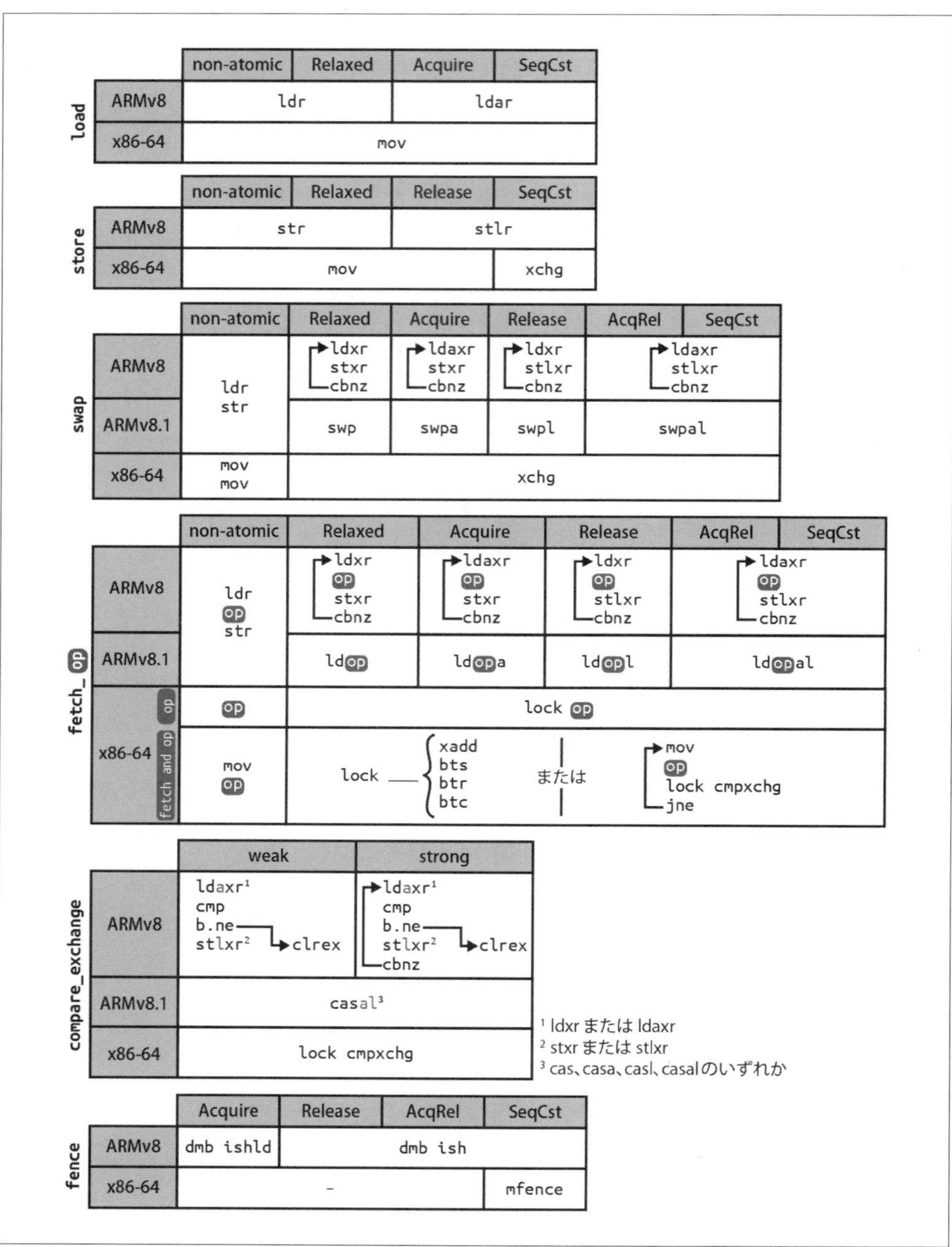

図7-1　それぞれのメモリオーダリングに対するさまざまなアトミック操作のARM64アセンブリ命令とx86-64アセンブリ命令のまとめ

8章 OSプリミティブ

これまでは、ほとんどノンブロッキングな操作のみに焦点を当ててきた。しかし、Mutexや条件変数のように、他のスレッドがアンロックもしくは通知してくれるのを待機するものを実装したければ、効率的に現在のスレッドをブロックする方法が必要だ。

「4章　スピンロックの実装」で説明したように、OSの助けがなくても**スピン**することで実装することもできるが、スピンでは条件の確認を何度も繰り返し行うため大量のプロセッサ時間を簡単に浪費してしまう。効率的にブロックするには、OSのカーネルの助けが必要だ。

カーネル（正確にはカーネルの一部である**スケジューラ**）は、プロセスもしくはスレッドが、いつ、どのくらいの長さ、どのプロセッサコアで実行されるかを決定する役割を果たす。スレッドが、何かが起こるのを待っている間は、カーネルはそのスレッドにプロセッサ時間を割り当てるのをやめ、他のスレッドを優先して貴重な資源を有効に利用できるようにする。

カーネルのこの機能を利用するには、カーネルに対してあるスレッドが何かを待っていることを知らせ、その何かが発生するまでスレッドをスリープさせるように依頼する方法が必要になる。

8.1 カーネルとのインターフェイス

カーネルとやり取りする方法はOSによって大きく異なるし、OSのバージョンによって異なる場合もある。一般に、OSとのやり取りはライブラリの背後に隠れていて詳細は見えない。例えば、Rustの標準ライブラリを用いると、OSのカーネルインターフェイスの詳細を知らなくても、`File::open()`を呼ぶだけでファイルをオープンできる。同様にCの標準ライブラリ`libc`を用いると、標準関数`fopen()`を呼ぶだけでファイルをオープンできる。このような関数を呼び出すと、最終的にはOSカーネル呼び出し、すなわち**システムコール**が行われる。システムコールの呼び出しは特殊なプロセッサ命令で行う（アーキテクチャによっては、そのまま`syscall`という名前の命令がある）。

一般にプログラムは直接システムコールを呼び出すことを期待されていないし、禁止されている場合すらある。プログラムはOSに含まれる高レベルのライブラリを利用する。

POSIX（Portable Operating System Interface）標準は、この標準に準拠したUnixシステムに対して`libc`が存在することを求める。例えば、ファイルのオープンに関して、C標準の`fopen`関数に加えてPOSIXは低レイヤのopen()とopenat()が存在することを求める。これらの低レイヤ関数は直接システムコールに対応する場合も多い。Unixシステムにおいてはlibcは特殊な立ち位置を占めるため、C以外の言語のプログラマも、カーネルとやり取りするのにlibcを使用しなければならない。

標準ライブラリを含むRustソフトウェアは、libcを同名のクレートlibcを通じて使用する。

Linux固有の事情だが、システムコールインターフェイスは安定していることが保証されている。このためlibcを使わずにシステムコールを使用することが許される。この方法は最も一般的でも最も推奨できる方法でもないが、ゆっくりと広まりつつある。

しかし、やはりPOSIX標準準拠のUnix OSであるmacOSでは、カーネルのシステムコールインターフェイスは安定していることが保証されておらず、直接使用することは想定されていない。プログラムが使用することを許される唯一の安定したインターフェイスは、システムに同梱されているライブラリ群だけだ。これには、libcやlibc++に加え、C、C++、Objective-C、Swiftといった Apple社が選んだプログラミング言語のライブラリが含まれる。

WindowsはPOSIX標準準拠ではない。したがって、カーネルとの主要インターフェイスとして拡張されたlibcなどは同梱されない。その代わり、kernel32.dllなどのWindows固有の関数を含む一連のライブラリを同梱している。これらのライブラリには、例えばファイルをオープンするCreateFileW関数などが含まれる。macOSの場合と同様に、ドキュメントのない低レイヤ関数やシステムコールを直接呼び出すことは想定されていない。

OSはこれらのライブラリを通じて、カーネルとやり取りするために必要な、Mutexや条件変数などの同期プリミティブを提供する。実装のうちどこまでがライブラリで実現されていて、どこまでがカーネルの一部なのかは、OSによって大きく異なる。例えば、Mutexのロック操作やアンロック操作が直接カーネルシステムコールに対応しているOSもあるし、ほとんどの部分をライブラリが実装していて、スレッドがブロックしたり起こされたりする部分だけをシステムコールで行うOSもある(システムコールは低速なので、一般に後者の方が高速である)。

8.2 POSIX

POSIXスレッド拡張の一部(pthreadという名前の方がよく知られている)として、POSIXは並行実行のためのデータ型と関数を定義している。技術的に言うとlibpthreadという独立したシステムライブラリの一部なのだが、現在ではlibcに直接含まれている場合も多い。

pthreadは、スレッドを起動する関数やジョインする関数(pthread_createとpthread_join)に加えて、一般的な同期プリミティブも提供する。Mutex(pthread_mutex_t)、リーダ・ライタ・ロック(pthread_rwlock_t)、条件変数(pthread_cond_t)などだ。ここで、pthreadの主要な同期プリミティブを説明する。

pthread_mutex_t

: pthreadのMutexは、pthread_mutex_init()で初期化し、pthread_mutex_destroy()で破棄する必要がある。初期化関数はpthread_mutexattr_t型の引数を取る。この引数を用いてMutexのさまざまなプロパティを設定できる。

このプロパティの1つとして**再帰ロック（recursive locking）**がある。これは、すでにロックを保有しているスレッドが再度同じMutexをロックしようとした際に発生する。デフォルト（PTHREAD_MUTEX_DEFAULT）では未定義動作になるが、エラーになるようにすることもできるし（PTHREAD_MUTEX_ERRORCHECK）、デッドロックするようにもできるし（PTHREAD_MUTEX_NORMAL）、そのまま再度ロックできるようにすることもできる（PTHREAD_MUTEX_RECURSIVE）。

このMutexは、pthread_mutex_lock()もしくはpthread_mutex_trylock()でロックし、pthread_mutex_unlock()でアンロックする。さらに、Rustの標準Mutexにはない機能だが、時限付きのロックもサポートしている。これにはpthread_mutex_timedlock()を用いる。

pthread_mutex_tはpthread_mutex_init()を呼び出さずに、PTHREAD_MUTEX_INITIALIZERを代入することでスタティックに初期化することもできる。しかしこれができるのは、デフォルトの設定でいい場合だけだ。

pthread_rwlock_t

pthreadのリーダ・ライタ・ロックの初期化と破棄は、pthread_rwlock_init()とpthread_rwlock_destroy()で行う。Mutexと同様に、デフォルト設定のpthread_rwlock_tはPTHREAD_RWLOCK_INITIALIZERを用いてスタティックに初期化できる。

このリーダ・ライタ・ロックに対して初期化関数を用いて設定可能なプロパティの数は、Mutexと比較して著しく少ない。最も特徴的なのは、再帰的なライトロックが常にデッドロックになることだ。

ただし、ライトロック中にさらに再帰的にリードロックを行うことは、他のライタが待機していたとしても成功することが保証されている。このため、ライタをリーダよりも優先する実装を効率的に行うことが事実上不可能になっている。このため、ほとんどすべてのpthread実装はリーダ優先となっている。

インターフェイスはpthread_mutex_tのそれとほとんど同じで時限付きロックも可能だ。ただし、ロック関数にはリーダ用（pthread_rwlock_rdlock）とライタ用（pthread_rwlock_wrlock）の2つのバリエーションがある。驚くかもしれないがアンロック関数は1つだけ（pthread_rwlock_unlock）で、いずれのロックもこの関数でアンロックする。

pthread_cond_t

pthreadの条件変数はpthreadのMutexと一緒に使用する。初期化と破棄はpthread_cond_initとpthread_cond_destroyで行う。いくつかの属性を設定することができる。最も特徴的なのは、制限時間を単調増加クロック（RustのInstantに相当）で指定するか、実時間クロック（RustのSystemTimeに相当、「壁時計時間」とも呼ばれる）で指定するかを選べることだ。PTHREAD_COND_INITIALIZERを用いてスタティックに初期化した場合のデフォルトでは、実時間クロックが用いられる。

このような条件変数に対して待機する際には、pthread_cond_timedwait()を用いて制限時間を付けることができる。待機しているスレッドを1つだけ起こすにはpthread_cond_signal()を用いる。すべての待機しているスレッドを起こすには、pthread_cond_broadcast()を用いる。

pthreadはこの他にも、バリア（pthread_barrier_t）、スピンロック（pthread_spinlock_t）、一度だけの初期化（pthread_once_t）なども提供しているが、ここでは説明しない。

8.2.1 Rustでラップする

pthreadの同期機能を、便利に使えるように（libcクレートを通じて）Cの構造型をラップしてRustの構造体にするのは簡単に思える。

```
pub struct Mutex {
    m: libc::pthread_mutex_t,
}
```

しかしこれにはいくつか問題がある。pthreadはC向けに設計されており、Rust向けに設計されているわけではないからだ。

まず、Rustには可変性と借用のルールがある。通常は共有されているものは変更が許されない。pthread_mutex_lockなどの関数は当然Mutexを変更するので、これができるように内部可変性を用いる必要がある。したがって、UnsafeCellを使ってラップする。

```
pub struct Mutex {
    m: UnsafeCell<libc::pthread_mutex_t>,
}
```

より大きな問題は**移動**に関することだ。

Rustではオブジェクトは常に移動する。例えば関数からオブジェクトを返せば移動するし引数を渡しても移動するし、単に新しい場所に代入するだけでも移動する。所有しているもの（そして他者に借用されていないもの）はすべて、自由に新しい場所に移動できる。

しかしCでは、これが常にできるとは限らない。Cの型は、特定のメモリアドレスに留まっていることに依存していることがしばしばある。例えば、自分自身を参照しているポインタを保持していたり、自分を指すポインタをグローバルなデータ構造に保持したりする。このような場合に、別の場所に移すと未定義動作になる。

これまでに説明したpthreadの型も、**移動可能性**を保証しない。これはRustでは大きな問題になる。単純な定型句であるMutex::new()という書き方ですら問題になる。この関数は、Mutexオブジェクトを返すが、返されたオブジェクトはメモリ上の新しい場所に移動するからだ。

ユーザは所有しているMutexオブジェクトを常に移動で持ち回ることが可能なので、インターフェイスをunsafeにしてユーザに移動させないように約束させるか、所有権を取り去って、すべてを何らかのラッパの背後に隠すか、どちらかを行う必要がある（後者のラッパにはstd::pin::Pinを使用する）。これらはいずれもあまり良い解決方法ではない。Mutexのインターフェイスに影響を与えるし、エラーが起こりやすくなり、不便にもなる。

この問題を解決する方法の1つは、pthreadのMutexをBoxでラップすることだ。所有者は移動しても、pthreadのMutexは常に特定の位置を保つことができる。

```
pub struct Mutex {
    m: Box<UnsafeCell<libc::pthread_mutex_t>>,
}
```

Rust 1.62より前のUnixプラットフォームでのstd::sync::Mutexはこのように実装されていた。

この方法の問題点は、すべてのMutexがそれぞれヒープ上に取られるようになるため、Mutexの作成、破棄、使用すべてに大きなオーバヘッドが発生することだ。もう1つの問題は、この方法ではnewをconstにできないので、staticなMutexを作れなくなることだ。

仮にpthread_mutex_tが移動可能だったとしても、const fn newではデフォルト設定でしか初期化できず、再帰的にロックした場合の挙動が未定義になる。再帰的ロックを妨げるような安全なインターフェイスを設計する方法はないので、lock関数をunsafeにしてユーザにそんなことはしないと約束させることになる。

Boxのアプローチでは、ロックされたMutexがドロップされた場合にも問題が起こる。正しくMutexを設計すれば、ロックされている間にドロップされることが不可能なようにできると思うかもしれない。確かに、MutexGuardから借用されている間は、Mutexをドロップすることは不可能だ。MutexGuardが先にドロップされるはずなので、そのときにMutexはアンロックされるはずだ。しかし、Rustではオブジェクトをドロップせずに、フォーゲット（もしくはリーク）することが許されている。ということは下のようなコードを書くことも可能だ。

```
fn main() {
    let m = Mutex::new(..);

    let guard = m.lock(); // ロックした..
    std::mem::forget(guard); // .. アンロックしなかった
}
```

上の例では、mはスコープの終わりでロックされたままドロップされる。Rustのコンパイラにとってはこれで問題ない。ガードはリークしていて誰も使えなくなっているからだ。

しかし、pthreadではロックされた状態でpthread_mutex_destroy()が呼び出された場合には動作は保証されず、未定義動作になると定めている。これを回避するには、Mutexをドロップする際には、pthreadのMutexに対してまずロックを試みて（後でアンロックする）、すでにロックされていたらパニックを起こす（もしくはBoxをリークする）方法が考えられるが、そうするとさらにオーバヘッドが大きくなる。

これらの問題はpthread_mutex_tだけではなく他の型にもある。まとめると、pthreadの同期プリミティブはCにはいいかもしれないが、Rustにはあまり適さないと言える。

8.3 Linux

Linuxシステムでは、pthreadの同期プリミティブはすべて、**futex**システムコールで実装されている。この名前は「fast user-space mutex」から来ている。このシステムコールは、（pthreadなどの）ライブラリで高速で効率的なMutex実装を提供できるようにするために追加されたものだ。これはpthreadよりもはるかに柔軟で、さまざまな同期ツールを作成するために利用できる。

futexシステムコールがLinuxカーネルに追加されたのは2003年で、それ以来さまざまな改良と拡張が行われてきた。他のOSでも類似した機能を提供するようになっている。中でも、Windows 8には2012年にWaitOnAddressが追加されている（これについては**「8.5 Windows」**で説明する）。2020年には、C++言語にすらfutexに類似した基本的な操作が標準ライブラリに追加されている。atomic_waitとatomic_notifyだ。

8.3.1 Futex

Linuxでは、SYS_futexというシステムコールで、さまざまな操作が実装されている。これらはすべて32ビットのアトミック整数に対する操作だ。主要な操作は、FUTEX_WAITとFUTEX_WAKEの2つだ。FUTEX_WAITはスレッドをスリープさせる。同じアトミック変数に対するFUTEX_WAKEでスリープしているスレッドを起こす。

これらの操作はアトミック整数に対して値を書き出さない。カーネルは、どのスレッドがどのメモリアドレスに対して待機しているのかを記憶しているので、FUTEX_WAKEで正しいスレッドを起こすことができる。

「1.8 待機：パーキングと条件変数」で説明した通り、ブロックしたりスレッドを起こしたりする機能は、競合によってスレッドを起こす通知が失われないことを保証する必要がある。スレッドパーキングでは、この問題はunpark()が将来のpark()にも作用することでこの問題を解決している。条件変数では、条件変数と一緒に使用するMutexでこの問題を解決している。

futexのウェイト操作とウェイク操作では、別の仕掛けが用いられている。ウェイト操作はアトミック変数の値として想定する値を引数として取る。そして、その値がアトミック変数の実際の値と一致しなければブロックすることを拒否する。ウェイト操作はウェイク操作に対して、アトミックに振る舞う。つまり、想定した値との一致チェックと実際にスリープするまでの間で、ウェイクシグナルが失われることはない。

ウェイク操作の直前に必ずアトミック変数を書き換えるようにすれば、ウェイトしようとしているスレッドがスリープしないようにできる。これで、futexのウェイク操作を失ってしまうかもしれないという問題は、気にする必要がなくなる。

最小の例で実際の動作を見てみよう。

まず、システムコールを起動できるようにしなければならない。これには、libcクレートのsyscall関数を用い、それぞれを使いやすくするために、Rustの関数でラップする。

```
#[cfg(not(target_os = "linux"))]
compile_error!("Linux only. Sorry!");

pub fn wait(a: &AtomicU32, expected: u32) {
    // このシステムコールのシグネチャは futex (2) の man ページを参照。
    unsafe {
        libc::syscall(
            libc::SYS_futex, // futex システムコール
            a as *const AtomicU32, // 操作対象のアトミック変数
            libc::FUTEX_WAIT, // futex 操作
            expected, // 想定される値
            std::ptr::null::<libc::timespec>(), // タイムアウトはしない
```

```
        );
    }
}

pub fn wake_one(a: &AtomicU32) {
    // このシステムコールのシグネチャは futex (2) の man ページを参照
    unsafe {
        libc::syscall(
            libc::SYS_futex, // futex システムコール
            a as *const AtomicU32, // 操作対象のアトミック変数
            libc::FUTEX_WAKE, // futex 操作
            1, // 起こすスレッドの数
        );
    }
}
```

次に、これらの関数を使ってあるスレッドを別のスレッドに対して待機させてみよう。これには、0に初期化したアトミック変数を用いる。この変数に対してメインスレッドがFUTEX_WAITする。もう一方のスレッドは、この変数を1に変更する。そしてFUTEX_WAIT操作を行ってメインスレッドを起こす。

スレッドパーキングや条件変数に対する待機の場合と同じで、FUTEX_WAITは何もなくても（偽の待機解除によって）**誤って**起きてしまう場合がある。したがって、一般にはループの中で使用し、条件が満たされたかどうかを繰り返し確認する必要がある。

下の例を見てみよう。

```
fn main() {
    let a = AtomicU32::new(0);

    thread::scope(|s| {
        s.spawn(|| {
            thread::sleep(Duration::from_secs(3));
            a.store(1, Relaxed); ❶
            wake_one(&a); ❷
        });

        println!("Waiting...");
        while a.load(Relaxed) == 0 { ❸
            wait(&a, 0); ❹
        }
        println!("Done!");
    });
}
```

❶ 起動されたスレッドは、数秒後にアトミック変数を1にセットする。

❷ 次にfutexのwake操作を行ってメインスレッドを（スリープしていれば）起こす。これでメインスレッドは変更された変数を観測することになる。

❸メインスレッドは、変数の値が0である限り待機し、それから最後のメッセージを出力する。

❹ futexのwait操作を用いてスレッドをスリープさせる。ここで非常に重要なのは、この操作はスリープする前にaがまだ0かどうかを確認することだ。このおかげで起動されたスレッドからのシグナルが❸と❹との間で失われる心配はない。❶がまだ発生していなければ（したがって❷も発生していない）スリープする。❶が発生済みであれば（おそらくは❷も発生している）スリープせずに続行する。

ここで重要なことは、whileループに入る前にaが1になっていればwaitの呼び出しは全く行われないということだ。同様に、メインスレッドがアトミック変数に0と1以外の値をセットすることで、シグナル待機状態になっていることを示すようにすることもできる。シグナルを送る側のスレッドはこの値をチェックしてメインスレッドがまだ待機していないことがわかれば、futexのwake操作をスキップすることができる。これがfutexベースの同期プリミティブが非常に高速である理由だ。状態を自分で管理しているので、本当にブロックする必要がある場合以外はカーネルに依存する必要がない。

Rust 1.48以降のLinuxでの標準ライブラリのスレッドパーキングは、このように実装されている。この実装ではスレッドごとに1つのアトミック変数を用いる。このアトミック変数はアイドル時と初期状態は0、「アンパークされその後パークされていない」状態は1、「パークされ、まだアンパークされていない」状態は−1の3つの状態を持つ。

「9章　ロックの実装」ではこれらの操作を用いて、Mutex、条件変数、リーダ・ライタ・ロックを実装する。

8.3.2 Futex操作

ウェイトとウェイク操作以外にも、futexシステムコールはいくつかの操作をサポートしている。本節では、このシステムコールでサポートされているすべての操作を簡単に説明する。

futexの1番目の引数は常に、操作対象となる32ビットアトミック変数へのポインタだ。2番目の引数は、操作を表すFUTEX_WAITなどの定数で、以下で説明するフラグFUTEX_PRIVATE_FLAGとFUTEX_CLOCK_REALTIMEを最大2つ追加することができる。それ以降の引数は操作に依存するので、以下でそれぞれ説明する。

FUTEX_WAIT

この操作は2つの追加引数を取る。アトミック変数の値として期待する値と、待機する時間の最大値をtimespecで表現したものへのポインタだ。

アトミック変数の値が期待している値と合致した場合には、ウェイト操作はウェイク操作によって起こされるまで、もしくはtimespecで指定した時間が経過するまで、ブロックする。timespecへのポインタがヌルであれば、制限時間がないという意味になる。さらに、ウェイト操作は、対応するウェイク操作がなく制限時間に達していなくても、誤って起こされてしまうことがある。

チェックしてブロックする操作は、他のfutex操作に対して単一のアトミック操作として行われる。つまり、その間にウェイク信号が取りこぼされることはない。

timespecで表される制限時間は、デフォルトでは単調増加クロック（RustのInstantに相当）となる。FUTEX_CLOCK_REALTIMEフラグを追加すると、実時間クロック（RustのSystemTimeに相当）となる。

返り値は、期待した値にマッチしていたか、制限時間に達したかを表す。

FUTEX_WAKE

この操作は、起こすスレッドの数をi32で表した引数を1つ追加で取る。

このメソッドは、同じアトミック変数に対してウェイト操作でブロックしているスレッドを指定された数だけ起こす（ブロックしているスレッドが指定した数よりも少なければ、ブロックしているものをすべて起こす）。一般に、この引数には1（1スレッドだけ起こしたい場合）もしくはi32::MAX（すべてのスレッドを起こしたい場合）を指定する。

起こしたスレッドの数を返す。

FUTEX_WAIT_BITSET

この操作は、4つの追加引数を取る。アトミック変数の値に期待する値、待機する時間の最大値を表すtimespecを指すポインタ、無視されるポインタ、32ビットの「ビットセット」(u32)の4つだ。

この操作は、基本的にはFUTEX_WAITと同じように動作するが、2つの点で異なる。

1つ目の相違点は、bitset引数で、すべてのウェイク操作に対してではなく、特定のウェイク操作のみを待機するように指定できる。FUTEX_WAKE操作は無視されることはない。しかしFUTEX_WAKE_BITSET操作は、ウェイトの指定したビットセットとウェイクの指定したビットセットに共通して1となっているビットがなければ、無視される。

例えば、0b0101を指定したFUTEX_WAKE_BITSET操作は、0b1100を指定したFUTEX_WAIT_BITSETを起こすが、0b0010を指定したFUTEX_WAIT_BITSETは起こさない。

これは、リーダ・ライタ・ロックのようなものを実装する際には有用で、リーダを起こさずにライタのみを起こすことができる。ただし、1つのアトミック変数を2種類の待機スレッドに用いるよりも、2つ別々のアトミック変数を使った方が効率的だ。カーネルはアトミック変数ごとに1つずつ待機リストを管理しているからだ。

もう1つのFUTEX_WAITとの相違点は、timespecで指定するのが時間ではなく絶対時刻となることだ。このため、FUTEX_WAIT_BITSETはビットセットをu32::MAX（すべてのビットがON）に指定して、絶対時刻で制限時間を指定できるFUTEX_WAIT操作として使われることが多い。

FUTEX_WAKE_BITSET

この操作は、4つの追加引数を取る。起こすスレッドの数、2つの無視されるポインタ、32ビットのビットセット（u32）である。

この操作は、FUTEX_WAKEとほぼ同じだが、ビットセットに重複してオンになっているビットのないFUTEX_WAIT_BITSET操作で待機しているスレッドは起こさない（上のFUTEX_WAIT_BITSETを参照）。

ビットセットをu32::MAX（すべてのビットがON）にするとFUTEX_WAKEと等価になる。

FUTEX_REQUEUE

この操作は3つの追加引数を取る。起こすスレッドの数（i32）、リキューする（別の待機キューに移す）スレッドの数（i32）、2つ目のアトミック引数のアドレス、の3つだ。

この操作は、指定された数の待機中のスレッドを起こし、次にまだ待機中のスレッドの中から指定された数のスレッドを、2つ目のアトミック引数に対して待機するように「リキュー」する。

リキューされた待機スレッドは待機したままになるが、最初のアトミック変数に対するウェイク操作には影響されず、2つ目のアトミック変数に対するウェイク操作で起こされることになる。

このシステムコールは、条件変数に対する、「すべてに通知」のような操作を実装するのに有用だ。すべてのスレッドを起こしても、直後にMutexを取得しようとするので、取得できた1つ以外のすべてのスレッドはMutexに対して待機することになる。スレッドを1つだけ起こして、それ以外の待機スレッドはすべて、一度起こすことなくMutexに対して待機させてもいいはずだ。

FUTEX_WAKE操作と同様に、i32::MAXを指定すれば待機中のスレッドをすべてリキューすることができる（ただし、i32::MAXを指定すると、FUTEX_WAKEと同じ動作になるので、使い道はない）。

この操作は、起こしたスレッドの数を返す。

FUTEX_CMP_REQUEUE

この操作は、4つの追加引数を取る。起こすスレッドの数（i32）、リキューするスレッドの数（i32）、2つ目のアトミック引数のアドレス、最初のアトミック変数に期待する値、の4つだ。

この操作はFUTEX_REQUEUEとほぼ同じだが、最初のアトミック変数の値が期待した値と異なる場合には、動作することを拒否する。値のチェックとリキュー操作は、他のfutex操作に対してアトミックに行われる。

FUTEX_REQUEUEと異なり、この関数は起こしたスレッド数とリキューしたスレッド数の総計を返す。

FUTEX_WAKE_OP

この操作は4つの追加引数を取る。最初のアトミック変数に対して待機しているスレッドから起こすスレッドの数（i32）、2つ目のアトミック変数に対して待機しているスレッドから起こす可能性のあるスレッドの数（i32）、2つ目のアトミック変数のアドレス、操作と比較対象の値をエンコードした32ビット値、の4つだ。

このシステムコールは非常に特殊な動作を行う。2つ目のアトミック変数に対して変更を行い、指定された数の1つ目のアトミック変数に対する待機スレッドを起こし、2つ目のアトミック変数の以前の値が指定した条件に合致するかをチェックし、もし合致するなら2つ目のアトミック変数に対して待機しているスレッドを、指定した数だけ起こす。

つまり、このシステムコールは下に示すコードと同じように動作する。ただしすべての操作が、他のfutex操作に対してアトミックに行われる。

```
let old = atomic2.fetch_update(Relaxed, Relaxed, some_operation);
wake(atomic1, N);
if some_condition(old) {
    wake(atomic2, M);
}
```

変更操作と、条件チェックはいずれも32ビットの最後の引数で指定される。変更操作は、代入、加算、ビット論理和、ビット論理積-否定[※1]、ビット排他論理和のいずれかで、12ビットもしくは32ビットまでの2のべき乗値を引数にすることができる。条件チェック演算は、==、!=、<、<=、>、>=のいずれかで、12ビットの引数を取ることができる。

この引数のエンコーディング方法の詳細についてはLinuxのfutex(2)マニュアルページを見てほしい。もしくはcrates.ioのlinux-futexクレートを見てもいい。このクレートはこの引数を作成する便利な方法を提供している。

この操作は、起こされたスレッド数の総計を返す。

このシステムコールは柔軟でさまざまな目的に使えそうに見える。しかし、実はGNUのlibcにある、2つのスレッドを2つの別々なアトミック変数から起こす、特定のユースケースのために作られたものだ。しかもその特定のユースケースはすでに、FUTEX_WAKE_OPを使わない実装に書き換えられている。

これらすべての操作に、FUTEX_PRIVATE_FLAGを追加することができる。このフラグは、あるアトミック変数に対するfutex操作がすべて、同じプロセスに属するスレッドから行われる場合（多くの場合が該当する）の最適化を有効にする。これを利用するには、すべての関連するfutex操作が同じフラグを指定しなければならない。このフラグが設定されていると、カーネルは他のプロセスからの操作がないと想定することができ、futex操作を行う際にコストの掛かるステップを飛ばすので性能が向上する。

LinuxだけでなくNetBSDも、これまで説明したfutex操作をサポートしている。OpenBSDにもfutexシステムコールがあるが、FUTEX_WAIT、FUTEX_WAKE、FUTEX_REQUEUEしかサポートしていない。FreeBSDにはネイティブなfutexシステムコールはないが、_umtx_opというシステムコールがあり、FUTEX_WAITとFUTEX_WAKEとほぼ同一の機能を提供するUMTX_OP_WAIT（64ビットアトミック変数）とUMTX_OP_WAIT_UINT（32ビット変数）とUMTX_OP_WAKEを提供している。Windowsにもfutexウェイト、ウェイクに非常によく似た機能がある。これについては「8.5 Windows」で説明する。

新しいFutex操作

2022年にリリースされたLinux 5.16では、さらにfutex_waitvが追加されている。この新しいシステムコールは、複数のfutexに対して同時に待機することを許す。引数として、待機するアトミック変数のリストとそれぞれに期待する値を与える。futex_waitvでブロックしているスレッドは、指定した変数のいずれかに対するウェイク操作で起こされる。

この新たなシステムコールは、将来の拡張の余地を残している。例えば、待機するアトミッ

※1 訳注：引数をビット否定してから論理積（AND）演算を行う。

ク変数のサイズを指定することが可能だ。最初の実装では、元のfutexシステムコールと同様に32ビットアトミックしかサポートされていないが、将来的には、8ビット、16ビット、64ビットに拡張されるかもしれない。

8.3.3 Futex操作の優先度継承

優先度の高いスレッドが、優先度の低いスレッドが保持しているロックに対してブロックすると、優先度逆転と呼ばれる問題が起こる。高い優先度を持つスレッドは、低い優先度のスレッドがロックを解放しないと先に進めなくなるので、事実上優先度が逆転することになる。

この問題に対する解決方法の1つが、**優先度継承(priority inheritance)**で、ロックを保持しているスレッドに、そのロックを待っているスレッドの中で最も高い優先度のスレッドを継承させることで、一時的にそのスレッドの優先度を向上させる。

futexにはこれまでに説明した7つの操作の他に、優先度継承を実装するために特別に設計された、6つの優先度継承操作が用意されている。

これまでに説明したfutex操作は、アトミック変数の値に関して何も要請していなかった。32ビットの値の表現は我々が勝手に決めることができた。しかし、優先度継承Mutexを実装するには、どのMutexがロックされているのか、ロックされている場合にはどのスレッドがロックしているのかを、カーネルが知る必要がある。

状態が変わるたびにシステムコールを呼び出すようなことを避けるために、優先度継承futex操作は32ビットアトミック変数の値を厳密に定めている。カーネルが値を解釈できるようにするためだ。最上位ビットは、そのMutexに対して待機しているスレッドがあるかどうかを表す。下位30ビットは、ロックを保持しているスレッドのスレッドID(Linuxのtid。RustのThreadIdではない)を表す。ロックされていない場合は0になる。

さらに、ロックを保持したスレッドがアンロックせずに終了した場合、カーネルは最上位から2ビット目をセットする。ただし、その変数に対して待機しているスレッドがいる場合だけだ。これによって、Mutexを**頑健(robust)**にできる。この言葉は、保有しているスレッドが予期できない形で終了した場合にも問題なく対応できることを表す。

優先度継承futex操作は、標準的なMutexに対する操作と1対1に対応する。FUTEX_LOCK_PIはロック、FUTEX_UNLOCK_PIはアンロック、FUTEX_TRYLOCK_PIはブロックしないロックにそれぞれ対応する。さらに、FUTEX_CMP_REQUEUE_PIとFUTEX_WAIT_REQUEUE_PIは、優先度継承Mutexと一緒に利用する条件変数の実装に使用できる。

ここでは詳細に説明しない。詳しくはLinuxのfutex(2)マニュアルページか、crates.ioのlinux-futexクレートを参照してほしい。

8.4 macOS

macOSの一部であるカーネルは、有用で低レイヤの並行関係システムコールを多数サポートしている。しかし、他の多くのOSと同様に、カーネルインターフェイスは、安定したものとはされておらず、直接使うことは想定されていない。

ソフトウェアがmacOSのカーネルとやり取りする唯一のインターフェイスは、システムに同梱されるライブラリだ。これらのライブラリには、C（libc）、C++（libc++）、Objective-C、Swiftの標準ライブラリがある。

macOSはPOSIX準拠のUnixシステムなので、Cライブラリにはpthreadの完全な実装が含まれている。他の言語の標準ライブラリのロックでは、多くの場合舞台裏でpthreadのプリミティブを使っている。

しかし、macOSのpthreadのロックは、他のOSのものと比べて低速だ。その理由の1つは、macOSのロックが、デフォルトで**公平**なロックであるためだ。つまり、複数のスレッドが同じMutexをロックしようとした場合、完全なキューであるかのように各スレッドは到着した順に、ロックできる。公平性は望ましい性質ではあるが、性能を大きく低下させる。これは特に混雑度合いが高い場合には顕著になる。

8.4.1 os_unfair_lock

macOS 10.12で、pthreadの他に、新たなOS固有の軽量Mutexが導入された。これは公平（fair）ではないので、`os_unfair_lock`という名前になっている。これは32ビットで、`OS_UNFAIR_LOCK_INIT`定数で静的に初期化でき、使用後にデストラクトする必要もない。`os_unfair_lock_lock()`（ブロックするロック）もしくは`os_unfair_lock_trylock()`（ノンブロッキングなロック）でロックし、`os_unfair_lock_unlock()`でアンロックする。

残念ながら条件変数は提供されていないし、リーダ・ライタ・ロックも提供されていない。

8.5 Windows

Windows OSには、さまざまなライブラリが同梱されており、それらが、**Windows API**を構成している。これは、「Win32 API」とも呼ばれる（64ビットシステムでも）。これらは、「Native API」の上に構成されている。Native APIはほとんどドキュメントされていないカーネルへのインターフェイスで、直接利用することはできない。

Windows APIは、Microsoft公式の`windows`クレートおよび`windows-sys`クレートから使用できる。これらはcrate.ioで入手できる。

8.5.1 重量カーネルオブジェクト

Windowsの古い同期プリミティブは、完全にカーネルによって管理されており、非常に重く、ファイルなどの他のカーネルに管理されたオブジェクトと同様の特性を持つ。複数のプロセスから使用できる。名前で識別でき、ファイルと同様の細粒度のパーミッションを持つ。例えば、あるプロセスが何らかのオブジェクトに対して待機することを許すが、そのオブジェクトを通じて他のスレッドを起こすシグナルを送ることは許さない、というようなことができる。

これらの重量カーネル管理同期オブジェクトには、`Mutex`（ロック、アンロックできる）や、`Event`（シグナルとしても待機する対象としても使える）や、`WaitableTimer`（指定した時間が経ったら、もしくは定期的にシグナルを送る）などがある。これらのオブジェクトを作成すると、ファイルをオープンした場合と同様にHANDLEが得られる。HANDLEは通常のHANDLE関数を用いて、受け渡したり使用したりすることができる。HANDLE関数には、一連の待機関数が用意されている。これらの関数を用いると、さまざまな型の複数のオブジェクトに対して待機できる。このオブジェクトには、重量同期プリミティブや、プロセス、スレッド、さまざまなI/Oが含まれる。

8.5.2 軽量オブジェクト

Windows APIに用意されている軽量同期プリミティブは「クリティカルセクション」と名付けられている。

「クリティカルセクション」という言葉は、複数のスレッドが並行して進入できない、プログラムの一部、つまりコードの「1セクション」を意味する。クリティカルセクションを保護する機構は普通はmutex（Mutex）と呼ばれる。しかしこの場合、Microsoftは「クリティカルセクション」という言葉を機構の方に用いている。おそらく、mutexという言葉が先ほど紹介した重量オブジェクトのMutexですでに使われていたからだろう。

WindowsのCRITICAL_SECTIONは事実上**再帰Mutex**である。ただし、「lock」と「unlock」という言葉の代わりに「enter」と「leave」を用いる。再帰Mutexなので、他のスレッドに対してしか保護しない。同じスレッドが複数回ロック（もしくは「enter」）することは許される。ただし同じ回数だけアンロック（「leave」）しなければならない。

これは、Rustでラップする際には気を付けなければいけない点だ。CRITICAL_SECTIONを首尾よくロック（enter）できたからと言って、それが保護しているデータへの排他参照（&mut T）を与えてはいけない。1つのスレッドが、同じデータに対する排他参照を2つ作ってしまうことになりかねず、即座に未定義動作になってしまうからだ。

CRITICAL_SECTIONはInitializeCriticalSection()関数で初期化し、DeleteCriticalSection()で破棄する。移動はできない。EnterCriticalSection()もしくはTryEnterCriticalSection()でロックし、LeaveCriticalSection()でアンロックする。

Rust 1.51までは、Windows XPのstd::sync::MutexはBoxで確保されたCRITICAL_SECTIONオブジェクトで作られていた（Rust 1.51でWindows XPはサポートから外された）。

8.5.2.1 スリムなリーダ・ライタ・ロック

Windows Vista（およびWindows Server 2008）で、軽量ではるかに優れたロックプリミティブが同梱されるようになった。それが**スリムなリーダ・ライタ・ロック（slim reader-writer lock）**もしくは**SRWロック**だ。

SRWLOCK型はポインタ1つと同じサイズで、SRWLOCK_INITで静的に初期化でき、破棄する必要がない。使用されていない（借用されていない）なら、移動することもできる。このため、Rust型でラップするのに非常に適している。

この型は、排他（ライタ）ロックとアンロックを、AcquireSRWLockExclusive()、TryAcquireSRWLockExclusive()、ReleaseSRWLockExclusive()とで提供し、共有（リーダ）ロックとアンロックを、

AcquireSRWLockShared()、TryAcquireSRWLockShared()、ReleaseSRWLockShared()で提供する。共有（リーダ）ロック関数を無視することで、通常のMutexとして使われることも多い。

SRWロックは、ライタとリーダのどちらも優先しない。保証はされていないが、性能を低下させない限り、ロックリクエストを順番に処理しようとする。すでにロックを保有しているスレッドが、再び共有（リーダ）ロックを取得しようとすることは禁止されている。そうすると永続的なデッドロックが発生する場合がある。このリクエストが、他のスレッドによる排他（ライタ）ロックリクエストの後ろにキューイングされると、もともと持っていた最初の共有（リーダ）ロックが、Mutexをブロックするからだ。

SRWロックは、条件変数と一緒にWindows APIに導入された。SRWロックと同様に、CONDITION_VARIABLEはポインタ1つと同じサイズで、CONDITION_VARIABLE_INITで静的に初期化でき、破棄する必要がない。さらに、使用（借用）されていなければ、移動できる。

この条件変数は、SleepConditionVariableSRWでSRWロックと組み合わせて使えるだけでなく、SleepConditionVariableCSでクリティカルセクションと組み合わせることもできる。

待機中のスレッドのウェイクには、WakeConditionVariable（1スレッドだけ起こす）もしくはWakeAllConditionVariable（すべての待機スレッドを起こす）を用いる。

もともと標準ライブラリで用いているWindows SRWロックと条件変数は、移動しないようにBoxでラップされていた。Microsoftは2020年に我々が要求するまで、移動可能性に対する保証を与えていなかったからだ。Windows Vista以降、Rust 1.49以降のstd::sync::Mutex、std::sync::RwLock、std::sync::Condvarの実装で、SRWLOCKやCONDITION_VARIABLEを、メモリ確保せずに直接ラップしている。

8.5.3 アドレスベースの待機

Windows 8（およびWindows Server 2012）で、本章で紹介したLinuxのFUTEX_WAITとFUTEX_WAKEに非常によく似た、柔軟な同期機構が新たに導入された。

WaitOnAddress関数は8ビット、16ビット、32ビット、64ビットのアトミック変数に対して操作を行う。この関数は4つの引数を取る。アトミック変数のアドレス、期待する値を保持する変数のアドレス、アトミック変数のサイズ（バイト数）、タイムアウトまでの最大待ち時間（ミリ秒）の4つである。最大待ち時間にu32::MAXを指定するとタイムアウトしない。

FUTEX_WAIT操作と同様に、アトミック変数と期待する値を比較し、合致すればスリープして対応するウェイク操作を待つ。チェックとスリープはウェイク操作に対してアトミックに行われるので、この間にシグナルが失われることはない。

WaitOnAddressで待機しているスレッドを起こすには、WakeByAddressSingle（1スレッドだけ起こす）もしくはWakeByAddressAll（すべての待機スレッドを起こす）を用いる。これらの関数は1つだけ引数を取る。WaitOnAddressに渡されたものと同じ、アトミック変数のアドレスである。

Windows APIの同期プリミティブの一部（すべてではない）は、これらの関数を用いて実装されている。さらに重要なのは、この機能は、我々が独自のプリミティブを作成するのにも素晴らしい構成要素になるということだ。**「9章　ロックの実装」**で、まさにそれを行う。

8.6 まとめ

- **システムコール**はOSカーネルを呼び出し、通常の関数呼び出しと比較して低速である。
- 通常は、プログラムから直接システムコールを呼び出すことはない。OSの提供するカーネルへのインターフェイスとなるライブラリ（`libc`など）を通じて呼び出す。この形でのみカーネルへのインターフェイスをサポートするOSも多い。
- Rustの`libc`クレートを用いると`libc`にアクセスできる。
- POSIXシステムでは、POSIX標準に準拠するために、C標準が要求する以上の機能が`libc`に含まれている。
- POSIX標準には**pthread**ライブラリが含まれている。これには、`pthread_mutex_t`などの並行プリミティブが用意されている。
- pthreadの型はRustではなくCに向けて設計されている。例えば移動できないなどの問題があり、Rustで使うのは難しい。
- Linuxには**futex**システムコールが用意されている。これは、`AtomicU32`に対するいくつかのウェイトおよびウェイク操作を提供する。ウェイト操作は、アトミック変数が期待した値かどうかを確認する。これによって通知が見逃されることを防ぐ。
- macOSでは、pthreadに加えて、軽量のロックプリミティブとして`os_unfair_lock`が用意されている。
- Windowsの重量並列プリミティブは、常にカーネルとのやり取りを要求するが、プロセス間で引き渡すことができ、Windows標準の待機関数とともに使用する。
- Windowsの軽量並列プリミティブには、「スリム」なリーダ・ライタ・ロック（**SRW lock**）や条件変数が用意されている。これらは移動可能なので、Rustで容易にラップして使用できる。
- Windowsは、futexに類似した機能を`WaitOnAddress`と`WakeByAddress`で提供している。

9章 ロックの実装

本章では、Mutex、条件変数、リーダ・ライタ・ロックを独自実装する。まず、それぞれの基本的なバージョンを実装し、それからより効率の良いものに拡張していく。

標準ライブラリのロック型は使わない（使ったらインチキになる）ので、ビジーループを用いずにスレッドを待機させるためには、**「8章　OSプリミティブ」**で紹介したツールを用いなければならない。しかし、説明したように、OSが提供するツールはプラットフォームによって大きく異なるので、どのプラットフォームでも動作するものを作るのは難しい。

幸い、ほとんどの近代的なOSはfutexに類似した機能をサポートしている。少なくともウェイク操作とウェイト操作はサポートする。**「8章　OSプリミティブ」**で説明したように、Linuxはfutexシステムコールを2003年からサポートしている。WindowsはWaitOnAddress関数ファミリーを2012年からサポートしている。FreeBSDは_umtx_opシステムコールを2016年からサポートしている。

最も大きな例外はmacOSだ。macOSのカーネルはこれらの操作をサポートしているのだが、それを、我々が使えるような、安定した誰でも使えるC関数として公開していないのだ。しかし、macOSは最新のlibc++を同梱している。libc++は、C++標準ライブラリの実装だ。このライブラリはC++20をサポートしているが、C++20では、最も基本的なアトミックなウェイト操作とウェイク操作が組み込み関数としてサポートされている（std::atomic<T>::wait()など）。これをRustから使用するのは、さまざまな理由でなかなか大変なのだが、可能ではある。これを使うことで、macOSでもfutexに類似した基本的なウェイトとウェイク機能が利用できるようになる。

我々は、各OSの汚い細部には立ち入らず、crates.ioにあるatomic-waitクレートを、独自のロックプリミティブの構成要素として使用する。このクレートは、wait()、wake_one()、wake_all()の3関数しか提供しない。このクレートは、上述したようなさまざまなプラットフォーム固有の実装を用いて、すべての主要なプラットフォームに対して実装されている。つまり、これら3つの関数だけを使うようにすれば、プラットフォーム固有の詳細を考える必要がなくなるということだ。

これらの関数は、Linuxの**「8.3.1　Futex」**の同名関数と同じように動作する。簡単にそれぞれの動作を思い出してみよう。

`wait(&AtomicU32, u32)`
: この関数は、対象となるアトミック変数が指定された値ではなくなるまで待機する。アトミック変数に保存されている値が指定された値と同じであれば、ブロックする。他のスレッドがそのアトミック変数の値を変更する際には、以下のウェイク関数のいずれかを同じアトミック変数に対して用いて、待機中のスレッドを起こす必要がある。
この関数は、対応するウェイク操作がなくても誤ってリターンする場合がある。したがって、リターンしたらアトミック変数の値をチェックし、必要なら再度`wait()`する必要がある。

`wake_one(&AtomicU32)`
: 対象となるアトミック変数に対して`wait()`でブロックしているスレッドを1つだけ起こす。アトミック変数を変更した直後に使用し、変更されたことを待機しているスレッドに知らせる。

`wake_all(&AtomicU32)`
: 対象となるアトミック変数に対して`wait()`でブロックしているスレッドをすべて起こす。アトミック変数を変更した直後に使用し、変更されたことを待機しているスレッドに知らせる。

32ビットのアトミック変数のみがサポートされている。すべての主要なプラットフォームでサポートされているのはこのサイズだけだからだ。

「8.3.1　Futex」にこれらの関数の最小限の使用例を示した。忘れていたら、先に進む前に使用例を見直しておこう。

`atomic-wait`クレートを使うには、`Cargo.toml`の`[dependencies]`セクションに`atomic-wait = "1"`を追加しよう。もしくは、`cargo add atomic-wait@1`と実行すると、自動的にこの作業が行われる。これら3つの関数は、クレートのルートに定義されているので、`use atomic_wait::{wait, wake_one, wake_all;}`のようにしてインポートできる。

読者が本章を読む頃には、このクレートの新しいバージョンが出ているかもしれないが、ここではバージョン1を使っている。それより新しいバージョンではインターフェイスに互換性がないかもしれない。

基本的な構成要素の準備ができたので、書き始めよう。

9.1 Mutex

`Mutex<T>`を作成するに当たって、**「4章　スピンロックの実装」**で実装した`SpinLock<T>`を参考にしよう。ブロックに関係ない部分、例えばガード型の設計などは同じものを用いる。

まず、型の定義から始めよう。スピンロックでは、`AtomicBool`を`false`と`true`にしていたが、今度は`AtomicU32`を0と1にする。アトミックなウェイトとウェイクを使えるようにするためだ。

```
pub struct Mutex<T> {
    /// 0: unlocked
    /// 1: locked
    state: AtomicU32,
    value: UnsafeCell<T>,
}
```

スピンロックの場合と同じように、恐ろしいUnsafeCellが含まれていてもMutex<T>がスレッド間で共有できることを約束する必要がある。

```
unsafe impl<T> Sync for Mutex<T> where T: Send {}
```

さらに、**「4.3　ロックガードを用いた安全なインターフェイス」**で行ったのと同様に、Derefトレイトを実装したMutexGuard型を追加して、完全に安全なロックインターフェイスを提供する。

```
pub struct MutexGuard<'a, T> {
    mutex: &'a Mutex<T>,
}

unsafe impl<T> Sync for MutexGuard<'_, T> where T: Sync {}

impl<T> Deref for MutexGuard<'_, T> {
    type Target = T;
    fn deref(&self) -> &T {
        unsafe { &*self.mutex.value.get() }
    }
}

impl<T> DerefMut for MutexGuard<'_, T> {
    fn deref_mut(&mut self) -> &mut T {
        unsafe { &mut *self.mutex.value.get() }
    }
}
```

> ロックガードの設計と動作については**「4.3　ロックガードを用いた安全なインターフェイス」**を参照。

面白い部分に入っていく前に、Mutex::new関数を片付けておこう。

```
impl<T> Mutex<T> {
    pub const fn new(value: T) -> Self {
        Self {
            state: AtomicU32::new(0), // unlocked状態
            value: UnsafeCell::new(value),
        }
    }
```

```
        …
    }
```

邪魔なものはすべて片付けたので、後は2つの部品が残るだけだ。ロック（Mutex::lock()）とアンロック（Drop for MutexGuard<T>）だ。

スピンロックのロック関数は、アトミックなswap操作を用いてロックの取得を試み、状態を「ロックされてない」から「ロックされている」に変更することに成功したらリターンし、変更に失敗したら、即座に再度swapを試みるものであった。

Mutexをロックするコードはほとんど同じだが、もう一度swapを試みる前にwait()を行うようにする。

```
pub fn lock(&self) -> MutexGuard<T> {
    // state を 1（ロックされている）にセットする
    while self.state.swap(1, Acquire) == 1 {
        // すでにロックされていたら、
        // .. state が 1 でなくなるまで待機する
        wait(&self.state, 1);
    }
    MutexGuard { mutex: self }
}
```

メモリオーダリングに関しては、スピンロックの場合と同じように考えればいい。詳細は**「4章 スピンロックの実装」**を見直そう。

wait()関数は、呼び出した際にstateが1（ロックされている）にセットされたままだった場合にだけブロックすることに注意しよう。したがって、swapとwaitの間にwakeが呼び出されてもそれを取りこぼす心配はない。

ガード型のDrop実装は、Mutexをアンロックする責任がある。スピンロックの場合にはアンロックは簡単だった。stateをfalse（ロックされていない）に戻すだけだ。しかし、このMutexの場合にはそれだけでは十分ではない。このMutexに対して待機しているスレッドがあった場合、誰かがそのスレッドに通知しない限り、そのスレッドはMutexがアンロックされたことを知ることができない。ウェイクしてやらないと、そのまま永遠に眠り続けてしまう（幸運にも誤って起こされることはあるかもしれないが、それを当てにするのはやめよう）。

したがって、stateを0（ロックされていない）に戻すだけでなく、直後にwake_oneを呼び出す。

```
impl<T> Drop for MutexGuard<'_, T> {
    fn drop(&mut self) {
        // state を 0（アンロック）に戻す
        self.mutex.state.store(0, Release);
        // 待機中のスレッドがあればその 1 つを起こす
        wake_one(&self.mutex.state);
    }
}
```

起こすスレッドは1つで十分だ。複数のスレッドが待機していたとしても、ロックできるのは1つだけだからだ。次にロックしたスレッドが、その次のスレッドを起こし、というように続いていく。1つ以上のスレッドを1度に起こしても、1つ以外のスレッドはがっかりするだけだ。幸運な1つのスレッド以外の不運なスレッドは、貴重なプロセッサ時間を費やして、幸運なスレッドにロックするチャンスを奪われたことを確認しただけで、また眠りに戻ることになる。

ただし起こしたスレッドがロックを取得できる保証はないことに注意しよう。起こしたスレッドがロックする前に別のスレッドがロックしてしまう可能性がある。

ここで見ておくべき重要なことは、このMutexの実装がwaitやwake関数なしでも正しい（つまりメモリ安全）ということだ。wait()関数は誤って起こされてしまう可能性があるので、いつリターンするかについて何らかの仮定を置くわけには行かない。それでも、ロックプリミティブの状態を正しく保たなければならない。このMutex実装からwaitとwakeの呼び出しを削除すると、基本的にはスピンロックと全く同じになる。

一般に、アトミックなwaitとwake関数は、メモリ安全の観点からのプログラムの正しさに関しては重要な役割を果たさない。これらの関数は基本的に、ビジーループを避けるための（非常に有効な）最適化なのだ。ただし、使い物にならないほど非効率なロックが、実用性という観点で「正しい」ということではない。unsafeなRustコードを理解する上で、この考え方は参考になるだろう。

> **lock_apiクレート**
>
> Rustのロック実装を新しい趣味にしようとするのなら、安全なインターフェイスを提供するために必要な定型的なコード（ボイラープレート）に飽き飽きすることだろう。UnsafeCellやSync実装、ガード型、Deref実装などだ。
>
> crates.ioにあるlock_apiクレートは、これらをすべて自動的に作ってくれる。ロックの状態を表す型を作成し、（unsafeな）lock_api::RawMutexトレイトの、（unsafeな）ロック関数とアンロック関数を定義するだけでいい。それだけで、lock_api::Mutex型が、ユーザが定義した型に基づいて、Mutexガードを含む完全に安全で使いやすいMutex型を提供してくれる。

9.1.1 システムコールを避ける

このMutexの実装の中で飛び抜けて遅いのがwaitとwakeの部分だ。これらは**システムコール**すなわちOSカーネルを呼び出す（場合がある）からだ。このようにカーネルとやり取りするのは、非常に複雑なプロセスであり、非常に遅くなる傾向にある。特に、アトミック操作と比較すると非常に遅い。したがって、高性能なMutexを実装するには、可能な限りwaitとwakeを避ける必要がある。

幸い、すでに半分まではできている。ロック関数のwhileループでは、wait()を呼び出す前に状態をチェックしているので、Mutexがロックされておらず、waitする必要がない場合にはwait操作はスキップされている。しかし、アンロック時には無条件にwake_one()関数を呼び出してしまっている。

他にスレッドが待機していないことがわかっていればwake_one()をスキップできる。待機しているスレッドがあるかどうかを知るには、この情報を自分で管理しなければならない。

これには、「ロックされている」状態を、「ロックされていて、待機者はいない」と「ロックされていて、待機者がいる」の2つの状態に分離すればいい。これらの値に1と2を使おう。構造体定義のstateフィールドのドキュメンテーションコメントを更新する。

```
pub struct Mutex<T> {
    /// 0: unlocked
    /// 1: locked、他の待機スレッドはない
    /// 2: locked、他に待機スレッドがある
    state: AtomicU32,
    value: UnsafeCell<T>,
}
```

lock関数は、ロックされていなかった場合には、状態を1にしてロックする。すでにロックされていた場合には、スリープする前に状態を2にしなければならない。これでunlock関数は待機しているスレッドがいることがわかる。

このために、まず比較交換操作を用いて、状態を0から1に変更することを試みる。これに成功すれば、Mutexをロックしたことになり、Mutexがロックされていなかったのだから、他に待機者がいないことがわかる。比較交換操作が失敗したなら、Mutexはすでに（状態1もしくは2で）ロックされていたということだ。この場合、アトミックなスワップ操作を行って、状態を2にセットする。スワップ操作が返してきた元の値が1か2であれば、Mutexはロックされたままだったということなので、wait()を用いて状態が変わるまでブロックする。スワップ操作が返してきた元の値が0なら、状態を0から2に変更してロックに成功したということになる。

```
    pub fn lock(&self) -> MutexGuard<T> {
        if self.state.compare_exchange(0, 1, Acquire, Relaxed).is_err() {
            while self.state.swap(2, Acquire) != 0 {
                wait(&self.state, 2);
            }
        }
        MutexGuard { mutex: self }
    }
```

アンロックを行う関数ではこの新しい情報を使って、不必要な場合にはwake_one()の呼び出しをスキップするようにできる。アンロック時には単に0をストアするのではなく、スワップ操作を用いて元の値をチェックする。元の値が2の場合にだけ、そのまま進んでスレッドを起こす。

```
impl<T> Drop for MutexGuard<'_, T> {
    fn drop(&mut self) {
        if self.mutex.state.swap(0, Release) == 2 {
            wake_one(&self.mutex.state);
        }
    }
}
```

状態を0に戻してしまうので、待機しているスレッドがいるかどうかをstateが示さなくなってしまうことに注意しよう。他に待機しているスレッドがあった場合、それらが忘れられてしまわな

いように、起こされたスレッドは、状態を2に戻す責任を負う。比較交換操作がlock関数のwhileループの一部に組み込まれているのはこのためだ。

このため、ロック時にwait()を呼ばなければならなかった場合には、必要がなくてもアンロック時にはwake_one()メソッドを呼ぶことになってしまう。しかし、最も重要なのは**競合のない場合**、つまりスレッドが同時にロックを取得しようとしなかった場合だ。この場合には、wait()もwake_one()も全く呼ばれない。

図9-1は、2つのスレッドが同時にMutexをロックしようとした場合の、各操作と操作間の先行発生関係を図示したものだ。最初のスレッドが状態を0から1に変えてロックする。2つ目のスレッドはロックが取得できなかったので、状態を1から2に変えてスリープする。最初のスレッドがMutexをアンロックする際には、まずスワップで状態を0に戻す。スワップで得られた値が2、つまり待機中のスレッドがあるということなので、wake_one()を呼び出して2つ目のスレッドを起こす。ウェイク操作とウェイト操作の間の先行発生関係に依存していないことに注意しよう。ウェイク操作が待機中のスレッドを起こした可能性は高いが、先行発生関係は、Releaseスワップ操作で格納された値とそれを観測するAcquireスワップとの間で形成されている。

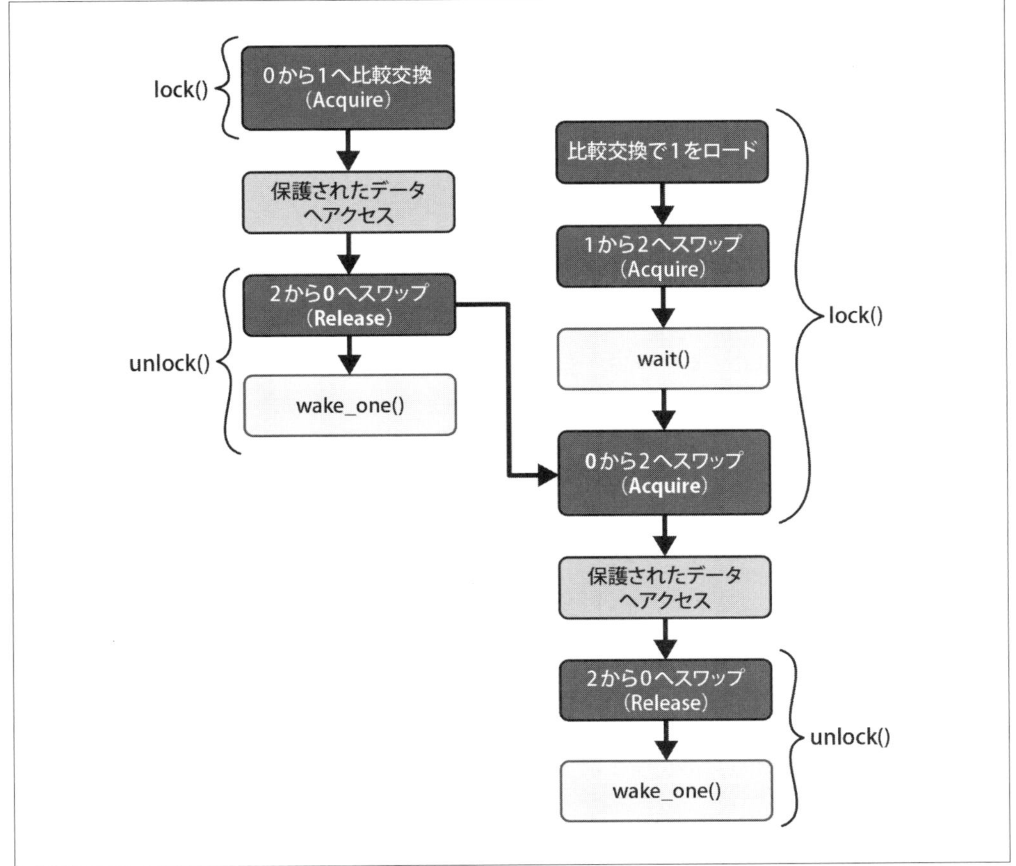

図9-1　上で実装したMutexをロックしようとする2つの並行スレッド間の先行発生関係

9.1.2 さらなる改良

この時点で、これ以上最適化する余地はあまりないように見えるかもしれない。衝突しない場合には、システムコールは全く行わず、非常に簡単なアトミック操作を2回行うだけだ。

これ以上ウェイトとウェイク操作を避けるにはスピンロック実装に立ち戻るしかない。スピンは非常に効率が悪いが、少なくともシステムコールのオーバヘッドは避けられる。スピンの方がウェイトよりも効率的なのは、非常に短い間待機する場合だけだ。

Mutexでこのようなことが起こるのは、現在ロックしているスレッドが別のコアで動いていて、しかも非常に短時間だけロックしている場合だけだ。しかし、このような場合は非常によく起こる。

2つの手法の良いところを取って、非常に短時間だけスピンしてからwait()を呼び出すことにする。そうすれば、ロックが短時間で解放された場合には、wait()を呼ばなくて済むし、プロセッサ時間を意味もなく大量に消費して、他のスレッドが有効活用するのを妨げることもない。

この実装には、lock関数を変更するだけでよい。

衝突しない場合の性能を最大化するために、lock関数冒頭の比較交換操作はそのままにする。また、スピンして待機する部分は別関数にする。

```
impl<T> Mutex<T> {
    …

    pub fn lock(&self) -> MutexGuard<T> {
        if self.state.compare_exchange(0, 1, Acquire, Relaxed).is_err() {
            // このロックはすでにロックされている :(
            lock_contended(&self.state);
        }
        MutexGuard { mutex: self }
    }
}

fn lock_contended(state: &AtomicU32) {
    …
}
```

lock_contendedでは、同じ比較交換操作を数百回繰り返してから、ウェイトループに移るようにしてもいい。しかし比較交換操作は一般に関連するキャッシュラインに対する排他アクセスを要求する（**「7.2.1.2 MESIプロトコル」**）。これを繰り返して実行すると、単なるロード操作よりもコストがかかる。

それを考慮して、次のようにlock_contendedを実装する。

```
fn lock_contended(state: &AtomicU32) {
    let mut spin_count = 0;

    while state.load(Relaxed) == 1 && spin_count < 100 {
        spin_count += 1;
        std::hint::spin_loop();
    }
```

```
        if state.compare_exchange(0, 1, Acquire, Relaxed).is_ok() {
            return;
        }

        while state.swap(2, Acquire) != 0 {
            wait(state, 2);
        }
    }
```

まず100回を上限にスピンする。この際**「4章 スピンロックの実装」**で行ったのと同様に、**スピンループ・ヒント**を用いる。スピンするのは、Mutexがロックされていて、待機スレッドがない場合だけだ。すでに待機しているスレッドがあるということは、そのスレッドは長くかかりすぎたのでスピンを諦めたことを示すので、このスレッドにとってもおそらくスピンしてもおそらくあまり意味がないことを示しているからだ。

ここでは100回スピンしているが、この回数は適当に選んだものだ。1度のスピンにかかる時間と、(避けようとしている）システムコールにかかる時間はプラットフォームに強く依存する。広範囲のベンチマークを行えば、正しい数字を選べるだろうが、残念ながらどのプラットフォームでも使える正しい値が1つだけあるわけではない。
少なくともLinuxのRust 1.66.0の標準ライブラリのstd::sync::Mutexではスピン回数として100を使っている。

スピンのループを抜けたら、スピンを諦めて待機状態に入る前に、状態に1をセットしてもう一度ロックを試みる。以前説明したように、wait()を呼び出した後では、状態に1をセットしてロックすることはできない。そうしてしまうと他の待機スレッドが忘れられてしまうかもしれないからだ。

cold属性とinline属性

lock_contended関数定義に#[cold]属性を付けて、コンパイラにこの関数が通常の場合（衝突がない場合）には呼ばれないことを知らせることができる。これは、lockメソッドの最適化の一助となる。

さらに、MutexおよびMutexGuardのメソッドに、#[inline]属性を追加して、インライン化により性能向上を期待できるとコンパイラに通知してもいい。インライン化とは、コンパイル結果のコードを呼び出し側に直接展開してしまう方法だ。これが性能向上に繋がるかどうかは、一般には何とも言えないが、このように非常に小さい関数に関しては、通常は性能が向上する。

9.1.3 ベンチマーク

Mutex実装の性能を評価することは難しい。ベンチマークテストを書いて、何らかの数字を得るのは簡単だが、意味のある数字を得ることは非常に難しいのだ。

特定のベンチマークテストに対してうまく動くようにMutex実装を最適化するのは比較的容易だが、それほど意味はない。結局のところ重要なのは、テストプログラムだけでうまくいくことではなく、実世界でうまく動くことだからだ。

ここでは、我々の行った最適化が少なくともあるユースケースでは良い方向に働くことを示すために、2つの簡単なベンチマークを示す。しかし、別のシナリオでは同じ結果にならないかもしれないことを理解しておこう。

最初のテストとして、Mutexを1つ作り、ロックとアンロックを同じスレッドから数百万回繰り返して、全体の実行時間を計測してみよう。これは、衝突のない容易なシナリオをテストするもので、スレッドを起こす必要がない場合だ。このテストでは2状態版と3状態版で大きな違いが出るはずだ。

```
fn main() {
    let m = Mutex::new(0);
    std::hint::black_box(&m);
    let start = Instant::now();
    for _ in 0..5_000_000 {
        *m.lock() += 1;
    }
    let duration = start.elapsed();
    println!("locked {} times in {:?}", *m.lock(), duration);
}
```

ここでは、(**「7.2.2 性能への影響」**で行ったのと同じように）std::hint::black_boxを用いて、Mutexにアクセスするコードが他にもあるかもしれないとコンパイラに思わせることで、ループやロック操作が最適化で消去されないようにしている。

結果はハードウェアやOSに強く依存する。最近のAMDプロセッサを用いた特定のLinux計算機では、最適化前の2状態Mutexでは400ミリ秒、最適化後の3状態Mutexでは40ミリ秒だった。10倍も速くなった！ 古いIntelプロセッサの別のLinux計算機では、その差はさらに大きく、1800ミリ秒と60ミリ秒だった。これで、3つ目の状態を追加することが大きく最適化に貢献することが確認できた。

しかし、macOSの計算機では全く別の結果になり、いずれの版でも50ミリ秒だった。これはこの最適化の効果が、プラットフォームに大きく依存することを示している。

実は、我々が用いたmacOSのlibc++のstd::atomic<T>::wake()は、カーネルとは独立に、余分なシステムコールを避けるように独自に管理を行っているのだ。WindowsのWakeByAddressSingle()も同様だ。

それでもこれらの関数の呼び出しを避けることで、わずかな性能向上が見られる。これは、ライブラリではアトミック変数そのものに情報を保持することができないため、実装がかなり難しいからだ。しかし、これらのOSのみを対象にしている場合には、3つ目の状態をMutexに追加する労力を払う価値があるかは疑問だ。

スピンを行う最適化が改善に繋がっているかどうかを知るには、衝突がたくさん発生するような別のテストが必要だ。複数のスレッドが、すでにロックされているMutexの取得を繰り返し試みる。

4つのスレッドが並行して1つのMutexに対してロックとアンロックを数百万回繰り返す場合を試してみよう。

```
fn main() {
    let m = Mutex::new(0);
    std::hint::black_box(&m);
    let start = Instant::now();
    thread::scope(|s| {
        for _ in 0..4 {
            s.spawn(|| {
                for _ in 0..5_000_000 {
                    *m.lock() += 1;
                }
            });
        }
    });
    let duration = start.elapsed();
    println!("locked {} times in {:?}", *m.lock(), duration);
}
```

これは極端かつ非現実的なシナリオであることに注意しよう。Mutexは、非常に短い時間（整数をインクリメントする間だけ）しかロックされないし、各スレッドはアンロックした直後に再度ロックを試みる。シナリオを少し変えたら全く別の結果になるだろう。

先ほど示したのと同じLinux計算機でテストしてみよう。古いIntelプロセッサの計算機では、スピンしないMutexでは900ミリ秒、スピンする版では750ミリ秒だった。改善した！ しかし、最近のAMDプロセッサの計算機では結果は逆になった。スピンなしでは650ミリ秒、スピンありでは800ミリ秒となった。

スピンすることが性能向上に繋がるかどうかの結論は、このシナリオ1つだけを取る場合でも、残念ながら「場合による」となった。

9.2　条件変数

さて、もっと面白いことに進もう。条件変数の実装だ。

「1.8.2　条件変数」で説明したように、Mutexで保護されたデータが特定の条件に合致するまで待機するために、条件変数とMutexとを一緒に使用する。条件変数には待機メソッドが用意されている。待機メソッドは、Mutexをアンロックし、シグナルを待ち、再度同じMutexをロックする。シグナルは通常、Mutexで保護されたデータを変更した別のスレッドから、変更した直後に送られる。待機スレッドの1つだけに送られる場合もあるし（「notify one」もしくは「シグナル」と呼ばれる）、すべてのスレッドに送られる場合もある（「notify all」もしくは「ブロードキャスト」と呼ばれる）。

条件変数は、シグナルが送られるまで待機中のスレッドをそのままにしておこうとするが、対応するシグナルがなくても誤ってスレッドを起こしてしまうことがある。ただし、条件変数のウェイト操作は、リターンせずに再度そのMutexをロックする。

条件変数のインターフェイスは、futexのwait()、wake_one()、wake_all()に非常によく似ている。主な違いは、シグナルを失わないための機構にある。条件変数は、Mutexをアンロックする前からシグナルの受け付けを開始することで、直後に起きたシグナルを取りこぼさないようにする。一方、futexスタイルのwait()関数は、アトミック変数の状態をチェックして、まだwait()したほうがいいのかどうかを確認することに依存している。

この考えから、下に示すような条件変数の最小限の実装を行った。すべての通知がアトミック変数（カウンタなど）を確実に変更するようにできれば、Condvar::wait()メソッドでは、Mutexをアンロックする前に変数の値をチェックし、アンロックした後でfutexスタイルのwait()関数を呼べばいい。そうすれば、Mutexをアンロックした後で到着した通知シグナルがあれば、スリープしないことになる。

試してみよう！

まず、シグナルに用いるAtomicU32だけを持つCondvar構造体を作る。この変数をゼロで初期化する。

```
pub struct Condvar {
    counter: AtomicU32,
}

impl Condvar {
    pub const fn new() -> Self {
        Self { counter: AtomicU32::new(0) }
    }

    …
}
```

通知メソッドは単純だ。カウンタを変更し、対応するウェイク操作を用いて、待機しているスレッドに通知するだけだ（メモリオーダリングについてはすぐに説明する）。

```
    pub fn notify_one(&self) {
        self.counter.fetch_add(1, Relaxed);
        wake_one(&self.counter);
    }

    pub fn notify_all(&self) {
        self.counter.fetch_add(1, Relaxed);
        wake_all(&self.counter);
    }
```

waitメソッドは、Mutexをロックしている証としてMutexGuardを引数として受け取る。また、このメソッドは、MutexGuardを返す。これによってこのメソッドからリターンする前にMutexを再度ロックしたことが明らかになる。

上で簡単に説明したように、このメソッドはまず、Mutexをアンロックする前にカウンタの現在の値をチェックする。シグナルを取りこぼさないようにするために、Mutexをアンロックした後、カウンタ値が変更されていない場合にだけ待機する。コードは以下のようになる。

```
pub fn wait<'a, T>(&self, guard: MutexGuard<'a, T>) -> MutexGuard<'a, T> {
    let counter_value = self.counter.load(Relaxed);

    // ガードをドロップしてアンロックする。
    // ただし、後でロックするためにmutexを覚えておく。
    let mutex = guard.mutex;
    drop(guard);

    // カウンタ値がアンロックする前から変更されていない場合にだけ待機する。
    wait(&self.counter, counter_value);

    mutex.lock()
}
```

ここでは、MutexGuardのプライベートフィールドであるmutexを用いている。Rustでのプライバシーはモジュール単位で行われるので、MutexGuardが属しているのと異なるモジュールでこの定義を行う場合には何らかの対応を行う必要がある。例えば、MutexGuardのmutexフィールドをpub(crate)にすれば、同じクレート内の他のモジュールから参照できるようになる。

条件変数作成の成功を祝う前に、少しだけメモリオーダリングについて考えてみよう。

Mutexがロックされている間は、他のスレッドは保護されたデータを変更できない。したがって、Mutexをアンロックするまでは通知の心配をする必要はない。Mutexをロックしている限り、スリープに移行して待機しようという考えを変えさせるような更新が、データに対して行われることはないからだ。

我々が興味があるのは、Mutexを解放した後に、別のスレッドがやってきてそのMutexをロックし、保護したデータを変更し、（おそらくはMutexをアンロックしてから）シグナルを送って来る、という場合だけだ。

このような場合には、Condvar::wait()中のMutexのアンロックと、通知を行うスレッドのロックとの間に先行発生関係ができる。この先行発生関係が、アンロックの前に行われたRelaxedロードが、ロックの後に行われる通知スレッドがRelaxedなインクリメント操作を行うよりも「前に」、値を観測することを保証する。

wait()操作が観測する値がインクリメントされる前の値か後の値かはわからない。この時点で順番を保証するものは何もないからだ。しかし、それは問題ない。wait()は対応するウェイク操作に対してアトミックに振る舞うからだ。新しい値を観測すればスリープしないし、古い値を観測すればスリープしてから、対応するwake_one()もしくはwake_all()で起こされる。

あるスレッドがCondvar::wait()を用いてMutexで保護されたデータの変更に対して待機し、もう1つのスレッドがデータを変更してCondvar::wake_one()を呼び出した場合の先行発生関係図を**図9-2**に示す。アンロック操作とロック操作のおかげで、最初のロード操作がインクリメントされる前の値を観測することが保証されていることに注意しよう。

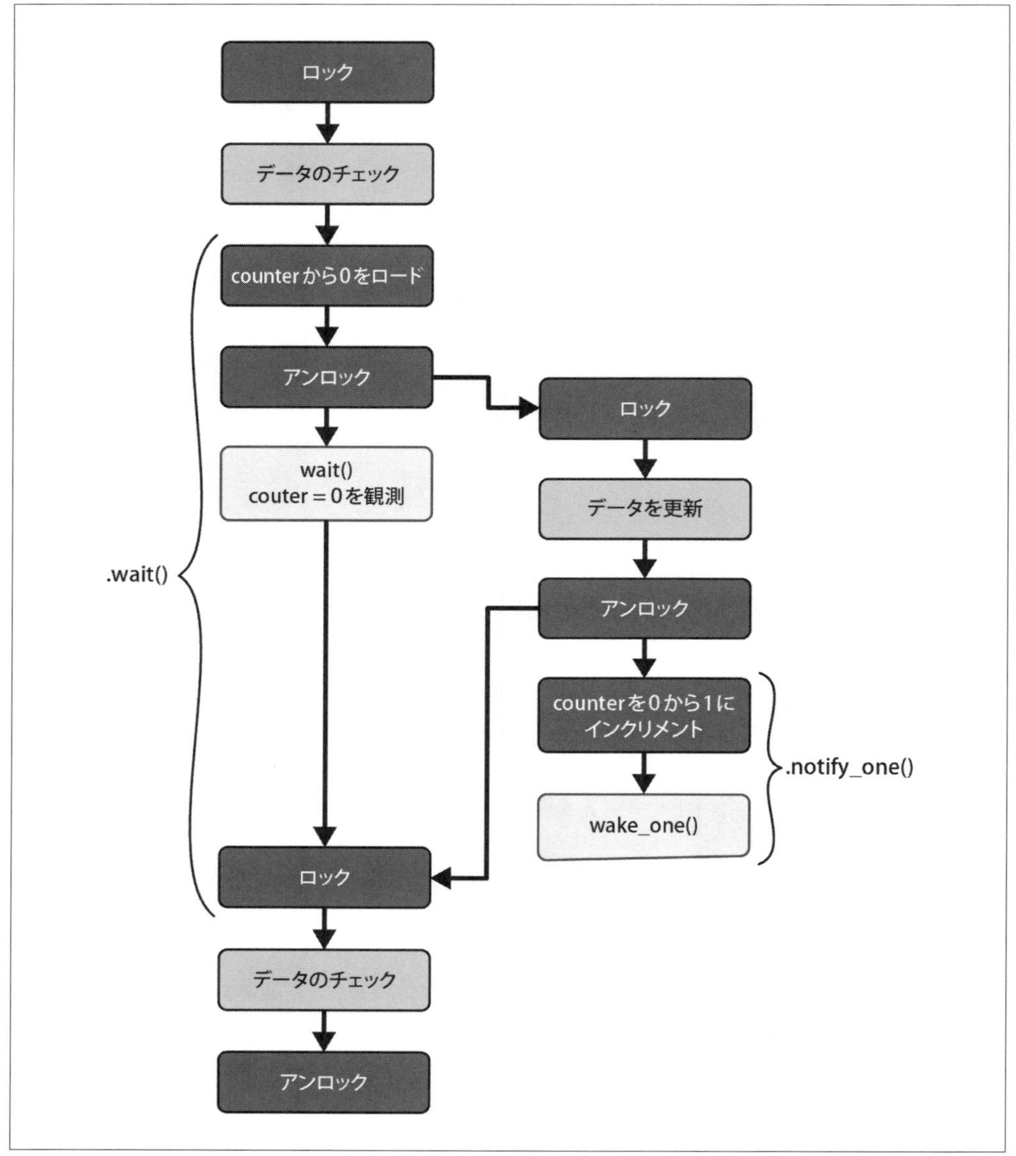

図9-2　Condvar::wait()を使用して待機するスレッドとCondvar::notify_one()を使用してそのスレッドを起こすスレッドの操作との先行発生関係

カウンタがオーバフローすると何が起きるのかも考えておく必要がある。

カウンタに保持されている実際の値は、個々の通知ごとに違っていさえすれば何でも構わない。残念ながら、40億回を少し超えるぐらい通知が行われると、カウンタがオーバフローして0になってしまい、以前使っていた値を再利用し始める。技術的には、このCondvar::wait()実装が、スリープすべきでない場合にスリープしてしまう可能性がある。正確に4,294,967,296回（もしくはその倍数）通知を見過ごすと、カウンタがオーバフローして同じ値に戻る。

このようなことが起こる可能性は無視できると考えるのは、全く妥当だ。Mutexのロックメソッドでは起こされた後で状態を再確認しwait()呼び出しを繰り返しているが、ここではそれを行わない。したがって、ここで心配しなければならないのは、カウンタをRelaxedロードしてからwait()を呼び出すまでの間に、値がオーバフローして一巡することだけだ。（厳密に）それほど多くの通知が起こるほど長い間あるスレッドの実行が阻害されているというのなら、すでに何か酷いことが起こっていてプログラムが反応しなくなっているのだろう。したがって、スレッドが寝たままになる顕微鏡的に低いリスクが追加されても気にする必要はない、と考えるのは妥当だろう。

制限時間付きのfutexスタイルのウェイトをサポートしているプラットフォームでは、wait操作の待ち時間を数秒に設定することでオーバフローのリスクを低減できる。こうすると数秒余分に実行時間がかかるかもしれない。しかし、40億回通知を送るにはこれよりもはるかに長い時間がかかるので、その与える影響は非常に小さい。こうすることで、あるスレッドが誤って眠り続けてプログラムがデッドロックするリスクを完全に取り除くことができる。

うまく動作するか試してみよう！

```
#[test]
fn test_condvar() {
    let mutex = Mutex::new(0);
    let condvar = Condvar::new();

    let mut wakeups = 0;

    thread::scope(|s| {
        s.spawn(|| {
            thread::sleep(Duration::from_secs(1));
            *mutex.lock() = 123;
            condvar.notify_one();
        });

        let mut m = mutex.lock();
        while *m < 100 {
            m = condvar.wait(m);
            wakeups += 1;
        }

        assert_eq!(*m, 123);
    });

    // メインスレッドが（ビジーループではなく）実際にウェイトしたことをチェック。
    // ただし、何度か誤って起こされることは許容する。
    assert!(wakeups < 10);
}
```

実際にスリープしていることを確認するために、条件変数のwaitメソッドからリターンする回数を数えている。この回数が非常に大きければ、何かが間違っていて実際にはスピンでループしていることになる。これを確認することは重要だ。条件変数は、全くスリープしなくても「正しく」動作するからだ。ただし、ウェイトループはスピンループになる。

このテストを実行すると、コンパイルも通るし、テストもパスするはずだ。これで、この条件変数が実際にメインスレッドをスリープさせていることが確認できた。もちろん、これだけではこの実装が正しいことを証明したことにはならない。もっと強く確信したければ、多数のスレッドを用いた長時間のストレステストを、理想的には弱く順序付けられたアーキテクチャのプロセッサで実行してみるといいだろう。

9.2.1 システムコールを避ける

「9.1.1 システムコールを避ける」で説明したように、ロックプリミティブの最適化で最も重要なのは、不必要なウェイト操作とウェイク操作を避けることだ。

条件変数の場合には、Condvar::wait()の実装においてwait()呼び出しを避けようとしてもあまり意味がない。スレッドが条件変数に対して待機しようとする時点で、すでに待機する条件が満たされていないことを確認しているはずで、待機せざるを得ないからだ。待機する必要がないならそもそもCondvar::wait()を呼び出さない。

しかしMutexで行ったのと同じように、待機しているスレッドがない場合にwake_one()やwake_all()を避けることは可能だ。

これを行う簡単な方法としては待機スレッドの数を管理する方法がある。待機するメソッドが、待機に入る前にインクリメントし、待機終了後にデクリメントする。待機スレッドがゼロなら、通知メソッドでシグナルの送信をスキップできる。

Condvar構造体に、アクティブな待機スレッドの数を管理する新しいフィールドを追加しよう。

```
pub struct Condvar {
    counter: AtomicU32,
    num_waiters: AtomicUsize, // New!
}

impl Condvar {
    pub const fn new() -> Self {
        Self {
            counter: AtomicU32::new(0),
            num_waiters: AtomicUsize::new(0), // New!
        }
    }

    …
}
```

num_waitersにAtomicUsizeを用いているので、オーバフローの心配をする必要はない。usizeは、メモリのすべてのバイトを数えるのに十分なほど大きいので、すべてのアクティブなスレッドが少なくとも1バイトは消費することを仮定すれば、同時に存在するすべてのスレッドの数を数えるのに十分なことは間違いない。

次に、通知関数を変更して、待機スレッドがいない場合には何もしないようにする。

```
pub fn notify_one(&self) {
    if self.num_waiters.load(Relaxed) > 0 { // New!
        self.counter.fetch_add(1, Relaxed);
        wake_one(&self.counter);
    }
}

pub fn notify_all(&self) {
    if self.num_waiters.load(Relaxed) > 0 { // New!
        self.counter.fetch_add(1, Relaxed);
        wake_all(&self.counter);
    }
}
```

（メモリオーダリングについては後で議論する。）

最後に、最も重要な変更を行う。waitメソッドの冒頭でインクリメントを行い、起こされたらすぐにデクリメントを行うようにする。

```
pub fn wait<'a, T>(&self, guard: MutexGuard<'a, T>) -> MutexGuard<'a, T> {
    self.num_waiters.fetch_add(1, Relaxed); // New!

    let counter_value = self.counter.load(Relaxed);

    let mutex = guard.mutex;
    drop(guard);

    wait(&self.counter, counter_value);

    self.num_waiters.fetch_sub(1, Relaxed); // New!

    mutex.lock()
}
```

これらのアトミック操作すべてがRelaxedメモリオーダリングでいいのか、注意深く検討する必要がある。

ここで新たに発生した潜在的なリスクは、実際には起こすべきスレッドがあるのに、通知メソッドがnum_waitersを観測したら0だったのでウェイク操作をスキップしてしまう、というものだ。これは、通知メソッドが、インクリメント操作の前、もしくはデクリメント操作の後に値を観測すると発生する可能性がある。

カウンタのRelaxedロードの場合と同じで、待機スレッドがnum_waitersをインクリメントしている間はMutexを保持しているので、num_waitersに対するロードはMutexが解放された後に起こり、インクリメント前の値が観測されることはないことが保証される。

また、通知スレッドが「早すぎる」タイミングでデクリメントされた値を観測してしまう心配もない。デクリメント操作が行われていたということは、待機スレッドは（おそらくは偽の待機解除で）起こされたということなので、いずれにしろ再度起こす必要はない。

つまり、Mutexによって確立される先行発生関係が、必要な保証をすべて与えてくれるのだ。

9.2.2 偽の待機解除を避ける

条件変数を最適化するもう1つの方向性として、偽の待機解除を避けることが考えられる。スレッドは起こされるとロックの取得を試みる。この際に他のスレッドと競合し性能に大きな影響を与えることがある。

条件変数が用いるwait()操作で偽の待機解除が起こることはほとんどないのだが、この条件変数の実装ではnotify_one()で1つ以上のスレッドの待機を中断してしまうことが容易に起こりうる。スリープしようとしているあるスレッドが、カウンタ値をロードしたがまだスリープしていないタイミングで、notify_one()が呼ばれたとしよう。notify_one()はカウンタを更新するので、スリープしようとしていたスレッドはスリープしない。一方でnotify_one()は、続けてwake_one()操作を行うので、待機中の別のスレッドを起こしてしまう。この2つのスレッドはMutexをロックしようとして競合し、貴重なプロセッサ時間を浪費する。

このようなことはあまり起こらないのではないかと思うかもしれないが、実際には簡単に起こる。Mutexがスレッドを同期させてしまうからだ。条件変数に対してnotify_one()を呼び出そうとするスレッドは、待機中のスレッドが待っているデータを更新するために、多くの場合直前にMutexのロックとアンロックを行う。したがって、Condvar::wait()メソッドがMutexをアンロックすると、そのMutexに対して待機していた（後に通知を行うことになる）スレッドのブロックを解除することになる。この時点で2つのスレッドが競争することになる。スリープしようとしているスレッドと、Mutexをロック/アンロックして条件変数に通知しようとしているスレッドの2つだ。通知しようとしているスレッドが競争に勝つと、待機しているスレッドはカウンタがインクリメントされているのでスリープしないが、通知しようとしているスレッドはそれでもwake_one()を呼び出してしまう。これはまさに、先ほど書いた問題のある状況で、待機中のスレッドを余計に起こしてしまっている。

比較的わかりやすい解決方法として、起きる（つまりCondvar::wait()がリターンする）ことが許されるスレッドの数を管理する方法がある。notify_oneメソッドではこの値を1増やし、waitメソッドでは、すでに0になっていなければ1減らす。この値が0になっていたら、Mutexの再取得を試みずに、スリープに戻る（すべてのスレッドに通知するには、notify_all用にデクリメントされることのないカウンタをもう1つ用意すればいい）。

この方法はうまくいくが、新しくさらに微妙な問題を引き起こす。通知が、まだCondvar::wait()を呼び出してもいなかったスレッド（通知スレッド自身の場合もある）を起こしてしまうのだ。Condvar::notify_one()が呼び出されると、起きてもよいスレッドの数がインクリメントされ、wake_one()で待機しているスレッドを1つ起こす。その後で、すでに待機していたスレッドに起きるチャンスが与えられるよりも前に、notify_oneを呼び出したのとは別のスレッドが（同じスレッドでもいい）Condvar::wait()を呼び出すと、そのスレッドが、通知がペンディング状態になっているのを見つけて、カウンタを0にデクリメントしてすぐにリターンしてしまう。

以前から待機していたスレッドは、通知が別のスレッドに取られてしまったので、再度スリープに戻る。

使い方によってはこれは何の問題もないが、場合によっては非常に大きい問題になり、いくつかのスレッドが全く先に進まなくなる。

かつてのGNU libcの`pthread_cond_t`実装には、この問題があった。POSIX仕様でこれが許されるのかどうかに関する長い議論が交わされたが、最終的に2017年のGNU libc 2.25で、完全に新しい条件変数の実装が導入されて解決した。

条件変数の使い方の多くでは、1つの待機スレッドが通知を先に横取りしても全く問題ない。しかし、特定のユースケースに対してではなく、汎用の条件変数を実装する場合には、この挙動は容認できないだろう。

ここでも、最適化された手法を使うべきか、という問いへの答えは、またもや「場合による」だ。

偽の待機解除を避けつつ、この問題を解決する方法はあるにはあるのだが、他の手法よりもはるかに複雑になる。

GNU libcの新しい条件変数で用いられている手法では、待機スレッドを2つのグループに分け、その一方にだけ通知を消費することを許す。通知の消費を許されたグループのスレッドがなくなったら、グループを切り替える。

この方法の問題点は、アルゴリズムが複雑だということだけでなく、条件変数型のサイズが大幅に大きくなってしまうことにある。条件変数でより多くの情報を管理しなければならないからだ。

Thundering Herd問題

条件変数を使う際に遭遇する可能性のある問題の1つは、`notify_all()`で、同じものに対して待機している多数のスレッドを起こす際に発生する。

問題は、起こされたスレッドがすべて、すぐに同じMutexをロックしようとすることだ。この場合、1つのスレッドだけが成功し、他のスレッドはまたスリープすることになる。この多数のスレッドが同じ資源を取得しようとして資源を浪費する問題は、**thundering herd問題**[※1]と呼ばれる。

`Condvar::notify_all()`自体が根本的にアンチパターンなのであり、これを最適化しても意味はない、という議論もそれほどおかしくはない。条件変数の目的は、Mutexをアンロックして、通知されたら再度ロックすることなのだから、1度に複数のスレッドに通知を送っても何もいいことはない。

それでも`notify_all()`を最適化したければ、Linuxの`FUTEX_REQUEUE`などのfutexスタイルの**リキュー**操作（「8.3.2　Futex操作」参照）をサポートしたOSでなら、できることはある。

すべてのスレッドが起こされるが、1つ以外のスレッドはロックがすでに取られていてまたスリープする、というようなことを避けるために、1つ以外のスレッドを、条件変数のカウンタにではなくMutexの状態に対して待機するように「リキュー」するのだ。

※1　訳注：中国では「驚群問題」と呼んでいる。

待機中のスレッドをリキューしても起こすことにはならない。実際スレッドからはリキューされたことはわからない。残念ながら、このためいくつかの微妙な落とし穴がある。

例えば、3状態のMutexでは、他の待機スレッドが忘れられることがないように、常に正しい状態（「ロックされていて待機スレッドがある」）でロックされていなければならなかったことを思い出そう。このため、`Condvar::wait()`実装では通常のMutexメソッドを利用できない。Mutexを誤った状態にしてしまうかもしれないからだ。

条件変数の実装でリキューを行うには、待機スレッドで用いられるMutexへのポインタを保持する必要がある。そうしないと、どのアトミック変数（Mutexの状態）に対して、待機スレッドをリキューしたらいいかわからないからだ。一般に、条件変数はスレッドが異なるMutexに対して待機することを許さないが、これがその理由だ。多くの条件変数の実装ではリキューは使わないが、将来のバージョンで実装する余地を残しておくことは有用だ。

9.3 リーダ・ライタ・ロック

さあ、リーダ・ライタ・ロックを実装する時が来た！

リーダ・ライタ・ロックは、Mutexと異なり、リードロックとライトロックの2種類のロックをサポートすることを思い出そう。リードロック、ライトロックは、それぞれ共有ロック、Mutexと呼ばれることがある。ライトロックは、Mutexと全く同じように振る舞う。つまり、1度にロックできるのは1スレッドだけだ。一方リードロックについては複数のスレッドが同時にロックすることを許す。言い換えると、リーダ・ライタ・ロックは、Rustの排他参照（`&mut T`）と共有参照（`&T`）とよく似ている。排他参照なら同時に存在するのは1つだけだが、共有参照ならいくつでも同時に存在していい。

Mutexでは、ロックされているかいないかだけを管理すればよかった。しかし、リーダ・ライタ・ロックでは、現在取得されている（リーダ）ロックの数も管理しなければならない。これは、すべてのリーダがロックを解放した場合にだけライトロックが可能になるようにするためだ。

`AtomicU32`を1つ状態として持つ`RwLock`構造体から始めよう。この変数を現在取得されているリードロックの数を表すために用いる。0の場合はロックされていない状態となる。ライトロックを表す特殊な値としては`u32::MAX`を用いる。

```
pub struct RwLock<T> {
    /// リーダの数。ライトロックされている場合には u32::MAX。
    state: AtomicU32,
    value: UnsafeCell<T>,
}
```

`Mutex<T>`では、`Send`を実装している`T`に対してのみ`Sync`となるように制約していた。これは、例えば`Rc`のようなものを他のスレッドに送ってしまわないようにするためだ。`RwLock<T>`では、さらに`T`に`Sync`を実装していることを要求する。これは、複数のリーダが同時にデータにアクセスするからだ。

```
unsafe impl<T> Sync for RwLock<T> where T: Send + Sync {}
```

RwLockは2種類の方法でロックされるので、それぞれに別のロック関数と別のガードを用意することになる。

```
impl<T> RwLock<T> {
    pub const fn new(value: T) -> Self {
        Self {
            state: AtomicU32::new(0), // アンロック状態
            value: UnsafeCell::new(value),
        }
    }

    pub fn read(&self) -> ReadGuard<T> {
        …
    }

    pub fn write(&self) -> WriteGuard<T> {
        …
    }
}

pub struct ReadGuard<'a, T> {
    rwlock: &'a RwLock<T>,
}

pub struct WriteGuard<'a, T> {
    rwlock: &'a RwLock<T>,
}
```

ライトガードは、排他参照（&mut T）と同様に動作するべきなので、DerefとDerefMutの双方を実装する。

```
impl<T> Deref for WriteGuard<'_, T> {
    type Target = T;
    fn deref(&self) -> &T {
        unsafe { &*self.rwlock.value.get() }
    }
}

impl<T> DerefMut for WriteGuard<'_, T> {
    fn deref_mut(&mut self) -> &mut T {
        unsafe { &mut *self.rwlock.value.get() }
    }
}
```

リードガードはデータへの排他アクセスを与えないので、Derefだけ実装すればよく、DerefMutは実装しない。これで、共有参照（&T）と同じように動作するようになる。

```
impl<T> Deref for ReadGuard<'_, T> {
    type Target = T;
    fn deref(&self) -> &T {
        unsafe { &*self.rwlock.value.get() }
    }
}
```

これで定型的なコードは全部処理できたので、面白い話に進もう。ロックとアンロックだ。

RwLockをリードロックするには、すでにライトロックされていなければstateをインクリメントする。これには比較交換ループ（**「2.3 比較交換操作」**）を用いる。stateがu32::MAXだった場合、つまりRwLockがライトロックされている場合には、wait()操作を用いて、後で再度試みる。

```
    pub fn read(&self) -> ReadGuard<T> {
        let mut s = self.state.load(Relaxed);
        loop {
            if s < u32::MAX {
                assert!(s != u32::MAX - 1, "too many readers");
                match self.state.compare_exchange_weak(
                    s, s + 1, Acquire, Relaxed
                ) {
                    Ok(_) => return ReadGuard { rwlock: self },
                    Err(e) => s = e,
                }
            }
            if s == u32::MAX {
                wait(&self.state, u32::MAX);
                s = self.state.load(Relaxed);
            }
        }
    }
```

ライトロックの方が簡単だ。stateを0からu32::MAXに変更するだけでいい。すでにロック済みであればwait()で待機する。

```
    pub fn write(&self) -> WriteGuard<T> {
        while let Err(s) = self.state.compare_exchange(
            0, u32::MAX, Acquire, Relaxed
        ) {
            // ロックされていたら待機する
            wait(&self.state, s);
        }
        WriteGuard { rwlock: self }
    }
```

ロックされたRwLockの正確な値は状況によって異なるが、wait()操作では状態と比較する値として正確な値を指定しなければならないことに注意しよう。wait()操作の引数としてcompare_exchangeの返り値を用いているのはこのためだ。

リーダがアンロックする際には、stateを1減らす。stateを1から0にしたリーダがRwLockをアンロックすることになるが、そのリーダが、待機しているライタを(いればだが)起こすことになる。

起こすのは1スレッドで十分だ。この時点で待機中のリーダはいないことがわかっているからだ。リードロックされたRwLockに対してリーダが待機しているはずがない。

```
impl<T> Drop for ReadGuard<'_, T> {
    fn drop(&mut self) {
        if self.rwlock.state.fetch_sub(1, Release) == 1 {
            // 待機中のライタがいれば、それを起こす
            wake_one(&self.rwlock.state);
        }
    }
}
```

ライタがアンロックする際にはstateを0にリセットする。その後で、待機中の他のライタを1つもしくは、待機中のリーダすべてを起こす。

リーダが待機しているのかライタが待機しているのかはわからないし、ライタだけ、もしくはリーダを起こすこともできない。したがって、すべてのスレッドを起こす。

```
impl<T> Drop for WriteGuard<'_, T> {
    fn drop(&mut self) {
        self.rwlock.state.store(0, Release);
        // 待機しているリーダとライタをすべて起こす
        wake_all(&self.rwlock.state);
    }
}
```

これで出来上がりだ！ これで、非常に単純だが完全に使用に耐えるリーダ・ライタ・ロックができた。

次に問題点を修正しよう。

9.3.1 ライタのビジーループを回避する

この実装の問題点の1つは、ライトロックが実質的にビジーループになってしまう可能性があることだ。

RwLockに多数のリーダがいて、ロックとアンロックを繰り返しているとしよう。ロックのstateは常に上がったり下がったりと変動する。こうなると、writeメソッドでの比較交換操作とその後のwait()操作の間で、stateが変わってしまう可能性が高い。すると、リーダの数が変わっただけで、リーダ・ライタ・ロックがアンロックされていないにも関わらずwait()が即座にリターンすることになる。

この問題を解決するには、ライタが待機するための別のAtomicU32を用いればいい。本当にライタを起こしたいときだけ、このアトミック変数の値を変更する。

試してみよう。まず、RwLockにwriter_wake_counterフィールドを追加する。

```
pub struct RwLock<T> {
    /// リーダの数。ライトロックされている場合には u32::MAX
    state: AtomicU32,
    /// ライタを起こす際にインクリメントする
    writer_wake_counter: AtomicU32, // New!
    value: UnsafeCell<T>,
}

impl<T> RwLock<T> {
    pub const fn new(value: T) -> Self {
        Self {
            state: AtomicU32::new(0),
            writer_wake_counter: AtomicU32::new(0), // New!
            value: UnsafeCell::new(value),
        }
    }

    …
}
```

readメソッドは以前と同じだ。writeメソッドは、新しいアトミック変数に対して待機するように変更する必要がある。RwLockがリードロックされていることを確認してから、実際にスリープするまでの間に通知を取りこぼすことがないように、条件変数の実装で用いたのと似たパターンを用いる。まだスリープしたいかどうかをチェックする前に、writer_wake_counterをチェックするのだ。

```
    pub fn write(&self) -> WriteGuard<T> {
        while self.state.compare_exchange(
            0, u32::MAX, Acquire, Relaxed
        ).is_err() {
            let w = self.writer_wake_counter.load(Acquire);
            if self.state.load(Relaxed) != 0 {
                // RwLock がまだロックされていたら待機する。
                // ただしチェックした後でウェイク通知が来ていない場合だけ。
                wait(&self.writer_wake_counter, w);
            }
        }
        WriteGuard { rwlock: self }
    }
```

writer_wake_counterに対するAcquireロード操作が、stateをアンロックした直後で待機しているライタを起こす前に行われるReleaseインクリメント操作との間に先行発生関係を形成する。

```
impl<T> Drop for ReadGuard<'_, T> {
    fn drop(&mut self) {
        if self.rwlock.state.fetch_sub(1, Release) == 1 {
            self.rwlock.writer_wake_counter.fetch_add(1, Release); // New!
            wake_one(&self.rwlock.writer_wake_counter); // 変更！
```

```
            }
        }
    }
```

この先行発生関係が、writeメソッドがwriter_wake_counterの値がインクリメントされた値を観測することはなく、まだデクリメントされていないstateを観測することを保証する。こうしないと、ライトロックしているスレッドに通知が送られず、RwLockがまだロックされていると誤解することになる。

以前と同様にライトのアンロックは、待機しているライタ1つか、待機しているリーダすべてを起こすべきだ。待機しているライタやリーダの数はまだわからないので、待機しているライタ1つ（wake_oneを用いる）と、待機しているリーダすべて（wake_allを用いる）を起こさなければならない。

```
impl<T> Drop for WriteGuard<'_, T> {
    fn drop(&mut self) {
        self.rwlock.state.store(0, Release);
        self.rwlock.writer_wake_counter.fetch_add(1, Release); // New!
        wake_one(&self.rwlock.writer_wake_counter); // New!
        wake_all(&self.rwlock.state);
    }
}
```

OSによっては、wake操作の実行に用いられている操作が、起こしたスレッドの数を返す。返される値は、実際に起こされたスレッドの数よりも少ないかもしれない（偽の待機解除で起こされるスレッドがあるため）が、それでもこの値は最適化に有用だ。
例えば上のdrop実装では、wake_one()で実際に1つのスレッドを起こしたことがわかれば、wake_all()をスキップできる。

9.3.2 ライタ・スタベーションの回避

RwLockは、多数の高頻度で読み込むリーダと、ごく少数の（多くの場合唯一の）低頻度で書き出すライタで使うのが一般的だ。例えば、多数のスレッドが利用するデータを、1つのスレッドがセンサから読み込んで入力したり、何か新しいデータを定期的にダウンロードしたりするようなケースだ。

このような場合には、**ライタ・スタベーション（writer starvation）**と呼ばれる状況に陥ることが多い。多数のリーダによってRwLockがリードロック状態のままになり、ライタがライトロックする機会を得られない状態だ。

この問題に対する解決策としては、RwLockがリードロックされていたとしても、ライタが待機していたら、新しいリーダはロックを取得することができないようにする方法がある。こうすれば、新しいリーダはライタが書き終わるまで待機しなければならないので、ライタが共有したいと願う最新のデータにアクセスできることが保証される。

実装してみよう。

これを実装するには、待機中のライタがいるかどうかを管理する必要がある。この情報をstate変数に格納する隙間を作るために、リーダのカウントを2倍し、ライタが待機していたら1足すことにしよう。つまり、stateが6でも7でも3つのスレッドがリードロックしており、6の場合は待機中のライタがなく、7の場合は待機中のライタがあることになる。

u32::MAXは奇数だが、これをこれまで通りライトロックされた状態として使う。リーダはstateが奇数なら待機し、偶数なら2を足してリードロックを取得していいことになる。

```
pub struct RwLock<T> {
    /// リードロックの数を 2 倍し、ライタが待機していた 1 足した値
    /// ライトロックされていたら u32::MAX
    ///
    /// したがって、リーダは state が奇数ならロックを取得でき、
    /// 奇数ならブロックする
    state: AtomicU32,
    /// ライタを起こす際にインクリメントする
    writer_wake_counter: AtomicU32,
    value: UnsafeCell<T>,
}
```

readメソッド中の2つのif文を変更し、stateをu32::MAXと比較するのではなく、偶数か奇数をチェックするようにする。assert文の上限値も変更する必要がある。さらに、インクリメントの際には1ではなく2増やすようにする。

```
    pub fn read(&self) -> ReadGuard<T> {
        let mut s = self.state.load(Relaxed);
        loop {
            if s % 2 == 0 { // 偶数
                assert!(s < u32::MAX - 2, "too many readers");
                match self.state.compare_exchange_weak(
                    s, s + 2, Acquire, Relaxed
                ) {
                    Ok(_) => return ReadGuard { rwlock: self },
                    Err(e) => s = e,
                }
            }
            if s % 2 == 1 { // 奇数
                wait(&self.state, s);
                s = self.state.load(Relaxed);
            }
        }
    }
```

writeメソッドは、大幅に変更しなければならない。上のreadメソッドと同様に比較交換ループを使う。stateが0か1なら、RwLockはアンロックされているので、ライトロックするためにu32::MAXへの更新を試みる。それ以外の場合には待機しなければならない。ただしその前に、

stateを奇数にして、新たなリーダがロックを取得できないようにしなければならない。stateを奇数にしたらwriter_wake_counter変数に対して待機することで、すぐにはアンロックされないようにする。

コードに書くと次のようになる。

```
pub fn write(&self) -> WriteGuard<T> {
    let mut s = self.state.load(Relaxed);
    loop {
        // アンロックされていたらロックを試みる
        if s <= 1 {
            match self.state.compare_exchange(
                s, u32::MAX, Acquire, Relaxed
            ) {
                Ok(_) => return WriteGuard { rwlock: self },
                Err(e) => { s = e; continue; }
            }
        }
        // state を奇数にして、新しいリーダをブロックする
        if s % 2 == 0 {
            match self.state.compare_exchange(
                s, s + 1, Relaxed, Relaxed
            ) {
                Ok(_) => {}
                Err(e) => { s = e; continue; }
            }
        }
        // まだロックされていたら待機
        let w = self.writer_wake_counter.load(Acquire);
        s = self.state.load(Relaxed);
        if s >= 2 {
            wait(&self.writer_wake_counter, w);
            s = self.state.load(Relaxed);
        }
    }
}
```

待機中のライタがいるかどうかを管理するようにしたので、リーダのアンロック時にwake_one()の不要な呼び出しをスキップできる。

```
impl<T> Drop for ReadGuard<'_, T> {
    fn drop(&mut self) {
        // state を 2 減らして 1 つのリードロックを削除する
        if self.rwlock.state.fetch_sub(2, Release) == 3 {
            // 3 から 1 になった場合には、RwLock がアンロックされ
            // 「かつ」待機中のライタがいることがわかる。
            // このライタを起こす。
            self.rwlock.writer_wake_counter.fetch_add(1, Release);
            wake_one(&self.rwlock.writer_wake_counter);
```

```
        }
    }
}
```

ライトロックされている（stateがu32::MAX）間は、待機しているスレッドがいるかどうか管理していない。したがって、ライトのアンロック時に利用できる新しい情報はないのでコードは以前と全く同じになる。

```
impl<T> Drop for WriteGuard<'_, T> {
    fn drop(&mut self) {
        self.rwlock.state.store(0, Release);
        self.rwlock.writer_wake_counter.fetch_add(1, Release);
        wake_one(&self.rwlock.writer_wake_counter);
        wake_all(&self.rwlock.state);
    }
}
```

「頻度の高いリーダと頻度の低いライタ」の場合に最適化されたリーダ・ライタ・ロックにとってはこれは全く問題ない。ライタによるロックとアンロックの頻度は低いからだ。

ただし、汎用のリーダ・ライタ・ロックにおいては、さらなる最適化を行う余地がある。効率的な3状態Mutexと同程度のライトロックおよびアンロックの性能が得られるはずだ。これは、楽しい演習課題として読者にとっておこう。

9.4 まとめ

- atomic-waitクレートは、すべての主要なOS（の最近のバージョン）に対して基本的なfutexに類似した機能を提供する。
- 最小限のMutexを実装するには、**「4章　スピンロックの実装」**で実装したSpinLockと同様に、2つだけ状態があればよい。
- 効率の良いMutexを実装するには、待機中のスレッドがあるかどうかを管理する必要がある。この情報を用いて不要なウェイク操作を省くことができる。
- スリープする前にスピンすることは、場合によっては効果がある。ただし状況、OS、ハードウェアに強く依存する。
- 最小限の条件変数には通知カウンタのみがあればいい。Condvar::waitで、Mutexをアンロックする前と後にこのカウンタをチェックする。
- 条件変数では、待機スレッドの数を管理することで不要なウェイク操作を避けることができる。
- Condvar::waitからの偽の待機解除を避けるのは面倒で、余分な管理が必要になる。
- 最小限のリーダ・ライタ・ロックを実装するには、状態として1つだけアトミック変数があればいい。
- リーダをライタとは独立に起こすためには、もう1つアトミック変数がいる。
- ライタ・スタベーションを避けるには、新しいリーダよりもライタを優先するために、もう1つ状態が必要になる。

10章
アイディアとインスピレーション

並行性に関するトピック、アルゴリズム、データ構造、小話などはいくらでもあり、これらの章を独立に設けてもよかっただろう。しかし、この10章が最後の章で、そろそろ読者たちもとを分かつときだ。読者には、新しい可能性に対する興奮と、実用的に応用できる新たな知識と技術を与えられたと思う。

10.1 セマフォ

セマフォは2つの操作だけを持つカウンタにすぎない。**シグナル（signal）**（upもしくはVとも呼ばれる）と**ウェイト（wait）**（downもしくはPとも）の2つだ。シグナル操作は、カウンタをある上限値までインクリメントし、ウェイト操作はデクリメントする。カウンタの値が0なら、ウェイト操作はブロックし、対応するシグナル操作が来るのを待機する。したがってカウンタの値は負にはならない。セマフォは柔軟なツールで、他の同期プリミティブを実装するためにも用いられる。

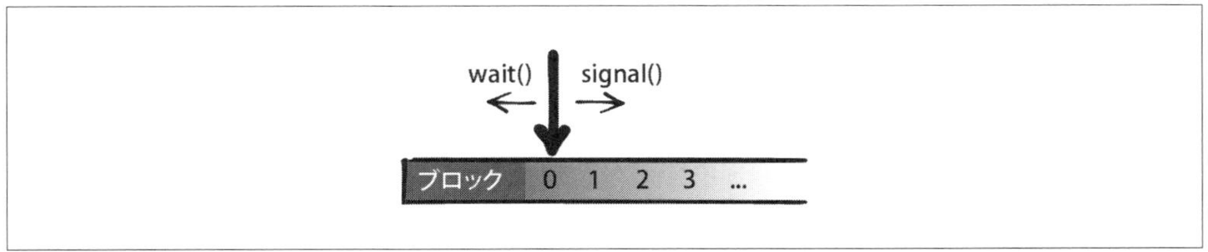

図10-1　セマフォ

セマフォは、カウンタに用いるMutex<u32>と、ウェイト操作の待機に用いるCondvarを組み合わせれば実装できる。しかし、もっと効率的に実装する方法がいくつかある。特に、futexスタイルの操作（「8.3.1　Futex」）をサポートしているプラットフォームでは、1つのAtomicU32で効率的に実装できる（AtomicU8でも可能）。

最大値を1としたセマフォは**バイナリセマフォ（binary semaphore）**とも呼ばれ、他のプリミティブを構築する際の構成要素として用いられる。例えば、カウンタを1に初期化し、ウェイト操作をロックに、シグナル操作をアンロックに用いればMutexになる。カウンタを0に初期化すれば、条件変数のようにシグナルを送るために使うこともできる。例えば、標準ライブラリstd::threadのpark()やunpark()は、スレッドに関連付けられたバイナリセマフォに対するウェイトとシグナルとして実装できる。

Mutexをセマフォで実装することもできるし、セマフォをMutex（と条件変数）で実装することもできることに注意しよう。ただし、Mutexベースのセマフォでセマフォベースの Mutexを実装するべきではないし、その逆も同じだ。

参考文献

- Wikipediaの「セマフォ」（https://ja.wikipedia.org/wiki/セマフォ）
- スタンフォード大学のセマフォに関する講義ノート（https://oreil.ly/ZVaei）

10.2 RCU

ほとんどの場合は読み込みを行い、稀にデータを更新する複数のスレッドがある場合には、RwLockを用いる。データが整数1つなら、アトミック変数（AtomicU32）を使って、ロックを避け、より効率的にすることもできる。しかし、データが多数のフィールドを持つような構造体のように大きいものだった場合には、オブジェクト全体に対するロックフリーなアトミック操作を可能にするアトミック型はない。

コンピュータサイエンスのすべての問題と同じように、この問題は間接参照のレイヤを追加することで解決できる。構造体そのものを格納するのではなく、構造体へのポインタを保持するアトミック変数を使えばいいのだ。こうしても構造体全体をアトミックに更新することはできないが、構造体全体を置き換えることはできる。これでも十分に素晴らしい。

このパターンは、データを置き換えるために必要なread、copy、updateの3ステップの頭文字を取って**RCU**と呼ばれる。ポインタを読み込んだら、構造体を新しい場所にコピーする。このコピーは、他のスレッドを気にせずに更新できる。準備ができたら、アトミックなポインタを比較交換操作で置き換える（**「2.3 比較交換操作」**）。更新している間に他のスレッドが置き換えていなかった場合にだけ、この置き換えが成功する。

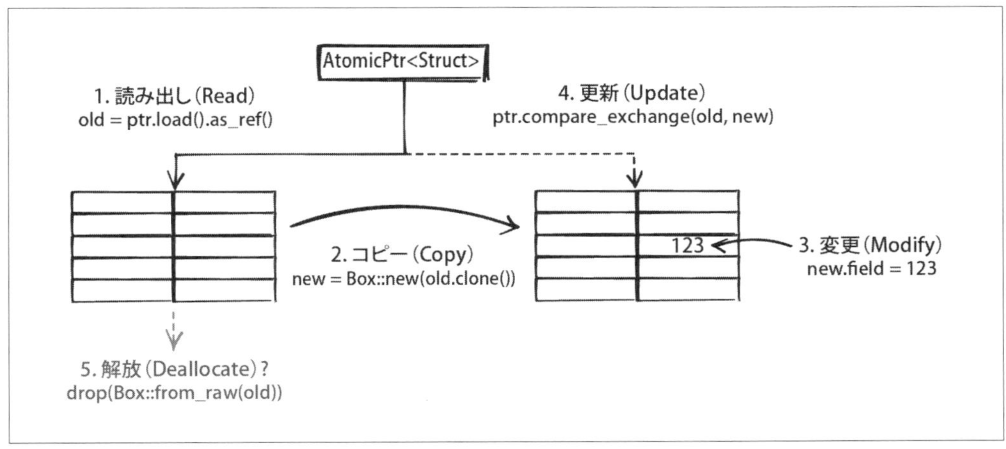

図10-2　RCU

RCUパターンで最も興味深いのは最後の段階だ。この段階とはRCUという略語の文字には現れていない、古いデータのメモリ解放だ。置き換えが成功した後も、置き換え前にポインタを読み込んだ他のスレッドが古いコピーを読み込んでいるかもしれない。すべてのスレッドが読み終わるまで、古いコピーをメモリ解放できないのだ。

この問題にはいくつかの解決方法がある。（Arcのような）参照カウントを用いる方法、メモリをリークさせる（問題を無視する）方法、ガベージコレクションを実装する方法、ハザードポインタ（各スレッドが現在使用しているポインタを記録しておく）を用いる方法、スリープ状態管理（各スレッドが絶対にポインタを使っていないと確信できるタイミングまで待つ）、などだ。休眠状態管理は、ある条件下では非常に効率がいい。

Linuxカーネル内の多くのデータ構造がRCUベースで実装されており、それらの実装の詳細に関する興味深い講演や記事がたくさんある。これらの講演や記事は大いにインスピレーションを与えてくれるだろう。

参考文献

- Wikipediaの「リード・コピー・アップデート」（https://ja.wikipedia.org/wiki/リード・コピー・アップデート）
- LWNの記事「What is RCU, Fundamentally?」（https://oreil.ly/GQZ6r）

10.3　ロックフリー連結リスト

基本的なRCUパターンを拡張して、次の構造体を指すアトミックポインタを追加すれば、**連結リスト（linked list）**にすることができる。これを用いると、複数のスレッドから更新のたびにリスト全体をコピーせずに、アトミックに追加・削除できるリストが作れる。

新しい要素をリストの先頭に追加するには、要素をメモリ上に作って、その中のポインタでリストの最初の要素を参照するようにしておき、最初のポインタを新しく作った要素を指すようにアトミックに更新すればいい。

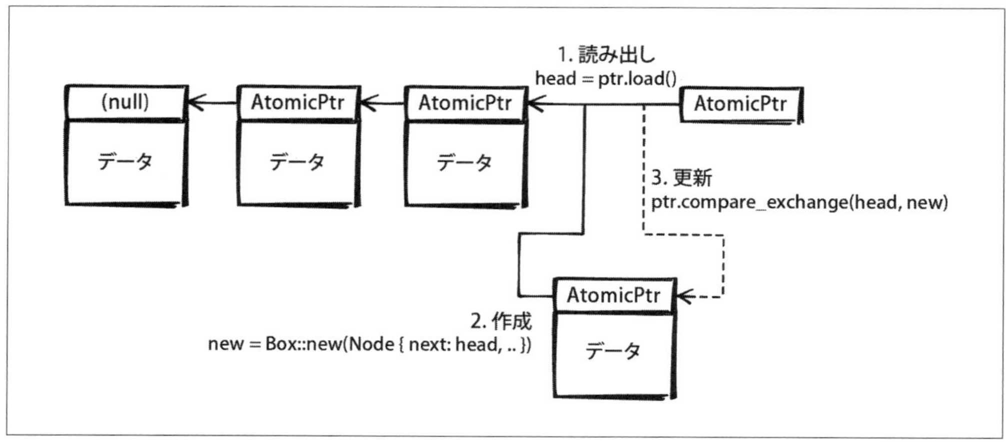

図10-3 新しい要素をリストの先頭に追加

同様に要素の削除もアトミックに行うことができる。その直前の要素のポインタを、直後の要素を指すようにアトミックに更新すればいい。ただし、書き出すスレッドが複数ある場合には、近隣の要素に対して並行して挿入や削除を行う際に注意する必要がある。新しく挿入した要素を間違って削除したり、削除したはずの要素が復活してしまう可能性があるからだ。

話を簡単にするために、通常のMutexを使って同時更新を回避することもできる。こうすれば、読み込みはロックフリーに保ちつつ、同時更新を考慮しなくて済む。

連結リストから要素を削除できても、以前と同じ問題が発生する。メモリを解放できるようになるまで（もしくは所有権を取得できるまで）待たなければならない。基本のRCUパターンのところで説明したのと同じ方法が使えるはずだ。

一般に、アトミックポインタに対する比較交換操作を用いれば、さまざまなロックフリーデータ構造を作成することができるが、常にメモリを解放する、もしくは所有権を回復するための何らかの手法が必要になる。

参考文献

- Wikipediaの「Non-blocking linked list」（https://en.wikipedia.org/wiki/Non-blocking_linked_list）
- LWNの記事「Using RCU for Linked Lists?A Case Study」（https://oreil.ly/H0lt4）

10.4 キューベースのロック

ほとんどの標準的なロックプリミティブでは、OSカーネルがブロックしているスレッドを管理し、依頼に応じてスレッドを選択して起こしてくれる。一方、興味深い別の方法もある。待機中のスレッドのキューを手動で管理することで、Mutex（もしくは他のロックプリミティブ）を実装する手法だ。

このようなMutexは、待機スレッドのリストを指すAtomicPtr 1つで実装できる。

リストの各要素には、対応するスレッドを起こすのに必要な何らかの情報、例えばstd::thread::Threadなどを保持する必要がある。アトミックポインタの使用されていないビットを使って、Mutex自体の状態やキューの状態を管理するのに必要な情報を表現することもできる。

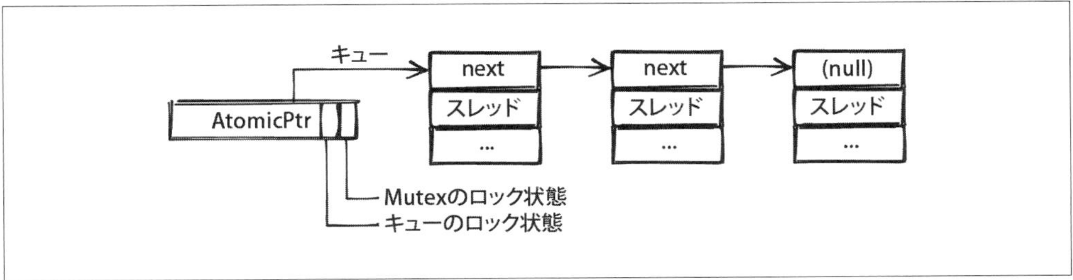

図10-4 キューベースロック

この方法には、さまざまなバリエーションが考えられる。キューをそれ自体のロックビットで保護してもいいし、（部分的に）ロックフリーな構造体として実装してもいい。要素をヒープ上に確保せずに、待機中のスレッドのローカル変数にしてもいい。キューを二重連結リストにして、次の要素だけでなく、前の要素も参照できるようにしてもいいだろう。最初の要素から、最後の要素も参照できるようにしておき、効率的に末尾にも要素を挿入できるようにしてもいい。

このパターンを用いると、スレッドパーキングなどの、1つのスレッドのブロックとウェイクだけができる機能を用いて、効率的なロックプリミティブの実装ができる。

WindowsのSRWロック（**「8.5.2.1 スリムなリーダ・ライタ・ロック」**）は、このパターンを用いて実装されている。

参考文献

- Windows SRWロックの実装についてのIssueにおける発言（https://oreil.ly/El8GA）
- キューベースロックのRustの実装（https://oreil.ly/aFyg1）

10.5 パーキングロットベースロック

可能な限りMutexを小さくしたければ、キューベースロックをベースに、キューをグローバルなデータ構造に移す方法がある。Mutexそのものには1ビットか2ビットしか必要ない。こうすると、Mutexを1バイトで表すことができる。さらに、ポインタの使用していないビットに格納すれば、非常に細粒度のロックをほとんど追加のコストを払わずに実現することもできる。

グローバルデータ構造としては、メモリアドレスからそのメモリアドレスにあるMutexで待機しているスレッドキューへマップするHashMapを使用できる。このグローバルなデータ構造は**パー**

キングロット（parking lot：駐車場）とも呼ばれる。パーキングしているスレッドの集まりだからだ。

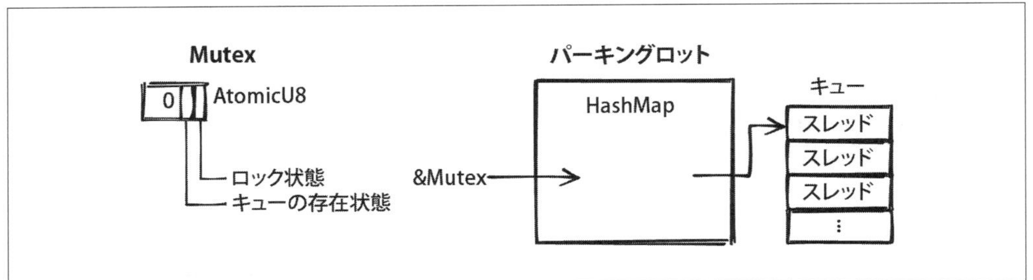

図10-5 Mutexとパーキングロット

このパターンは、Mutexのキューを管理するためだけでなく、条件変数や他のプリミティブにも一般化することができる。このパターンでアトミック変数に対するキューを管理すれば、futexスタイルの機能をサポートしていないOS上でも、同様の機能を実装することができる。

このパターンは、2015年にWebKitでJavaScriptオブジェクトのロックに採用されたことでよく知られている。この実装は他の言語の実装にも影響を与えた。Rustの広く使われているクレートparking_lotもその1つだ。

参考文献

- WebKitのブログ記事「Locking in WebKit」(https://oreil.ly/6dPim)
- parking_lotクレートのドキュメント（https://oreil.ly/UPcXu）

10.6 シーケンスロック

シーケンスロック（sequence lock）は、伝統的な（ブロックを伴う）ロックを用いずに、（大きい）データをアトミックに更新することを可能にする手段の1つだ。このロックはアトミックなカウンタを用いる。このカウンタは更新されている間は奇数となり、読み込み可能な場合には偶数となる。

書き出しスレッドはカウンタを偶数から奇数にインクリメントしてから、データを更新する。更新したら、再度カウンタをインクリメントし、（元の値とは別の）偶数になるようにしなければならない。

読み込みスレッドは、ブロックせずにデータを読み込むが、その前と後にカウンタを読み込む。カウンタの値が変わっておらず偶数だった場合には、並行した更新は行われていないので、読み込んだデータが有効だということになる。カウンタの値が変わっていた場合は、読み込んだデータは並行して更新されたということなので、もう一度読み込みを行う必要がある。

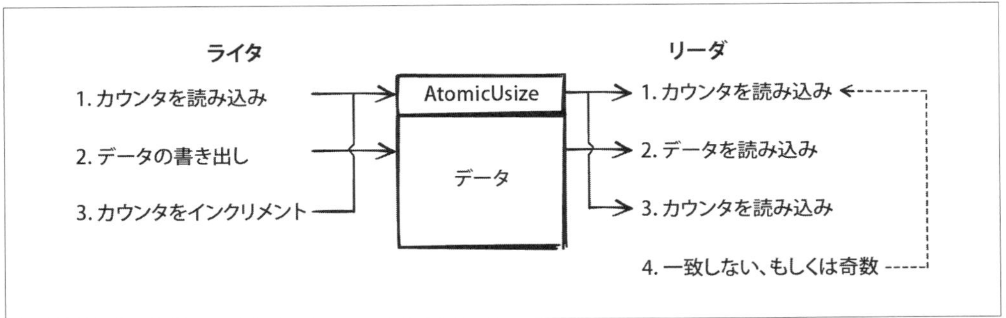

図10-6 シーケンスロック

このパターンは、読み込みスレッドが書き出しスレッドをブロックすることなく、データを他のスレッドに提供したい場合に有用だ。OSカーネルや多くの組み込みシステムで使用されている。リーダにはメモリへの読み込みアクセスが必要なだけで、ポインタは関係ないため、プロセス間の共有メモリ上で安全に使用するのに適している。この際にリーダを信用する必要がない。例えば、Linuxカーネルでは、共有メモリへのリードオンリーアクセスを与えて、効率的にタイムスタンプをプロセスに提供するためにこのパターンが使用されている。

このパターンとメモリモデルとはどのように関係しているのだろうか、というのは興味深い質問だ。同じデータに対する並行した非アトミックな読み込みと書き出しは、未定義動作となる。読み込んだデータを無視するとしてもだ。したがって、技術的に言えば、読み込みと書き出しはアトミック操作で行う必要がある。データ全体に対する読み込みと書き出しが1つのアトミック操作である必要はない。

参考文献

- Wikipediaの「Seqlock」(https://en.wikipedia.org/wiki/Seqlock)
- Rust RFC 3301, AtomicPerByte (https://oreil.ly/Qavc7)
- `seqlock`クレートのドキュメント(https://oreil.ly/yHd_7)

10.7 学習教材

新しい並行データ構造を発明したり、使いやすいRust実装を設計したりして多くの時間、もしくは年月を費やすのは非常に楽しいだろう。しかし、もし読者がRust、アトミック、ロック、並行データ構造、並行性一般、に関する知識を使って他に何かをしたいなら、みんなと知識を共有するための新しい学習教材を作るのも満足のいく作業となるだろう。

これらのトピックに関する初心者に向けた教材は大いに不足している。Rustは、システムプログラミングを万人が行えるようにするために大きな役割を果たしているが、多くのプログラマがいまだに低レイヤ並行性を避けている。アトミックは何か謎めいたもので、ごく少数の専門家に任せておくべきものだと思われている。これは恥ずべきことだ。

本書がこの状況に大きな変化をもたらすことを期待しているが、Rustの並行性に関しては、まだまだ書籍、ブログポスト、記事、ビデオコース、カンファレンス講演などが必要とされている。

あなたがどんなものを作るのか、楽しみにしている。

幸運を祈る。♥

索 引

I

J

L

M

た行

な行

は行

ま行

や行

ら行

わ行

著者紹介

Mara Bos（マーラ・ボス）

Rust標準ライブラリのメンテナンスとリアルタイム制御システムの構築を行う。Rustライブラリ開発チームのリーダーとして、Rust言語と標準ライブラリについて知り尽くしている。また、並行リアルタイムシステムの開発に長年かかわっている。Rustエコシステムで最も頻繁に使われるライブラリの管理と、セーフティクリティカルなシステムへの開発経験により理論の理解と実践的な経験が培われた。

訳者紹介

中田 秀基（なかだ ひでもと）

博士（工学）。産業技術総合研究所において分散並列計算、機械学習システムの研究に従事。筑波大学連携大学院教授。訳書に『RustとWebAssemblyによるゲーム開発』、『プログラミングRust 第2版』『PyTorchとfastaiではじめるディープラーニング』、『Pythonではじめる教師なし学習』、『Juliaプログラミングクックブック』、『Python機械学習クックブック』、『Pythonではじめる機械学習』、『ZooKeeperによる分散システム管理』、『Javaサーブレットプログラミング 第2版』、監訳書に『データ分析によるネットワークセキュリティ』、『Cython』、『デバッグの理論と実践』、『Head First C』（以上オライリー・ジャパン）、著書に『すっきりわかるGoogle App Engine for Java』（SBクリエイティブ）など。
極真空手弐段。
twitter @hidemotoNakada

査読協力

大岩 尚宏（おおいわ なおひろ）、岡島 順治郎（おかじま じゅんじろう）、
笹田 耕一（ささだ こういち）、高野 祐輝（たかの ゆうき）

カバーの説明

表紙の動物は、コディアックヒグマ（学名Ursus arctos middendorffi、英語名Kodiak bear）。アラスカのコディアック諸島周辺に生息するヒグマの亜種で、約1万2千年前に分岐したと考えられている。

コディアックヒグマは世界最大のクマとして知られ、オスの体高は、1.5メートル、立ち上がると3メートルになる。オスの体重は700キロ近くにもなる。メスはオスよりも2～3割小さい。ツキノワグマと比較するとかなり大きく、肩のこぶと小さな耳、長く直線的な爪が特徴的だ。ヒグマの一種だが、毛色は暗い茶色から明るい茶色までさまざまで、毛色だけでコディアックヒグマであることを特定することは簡単ではない。

コディアック諸島は、手つかずの自然に恵まれている。海洋性の気候と雨が多いことから、豊かな森林が広がっている。寒くて長い冬のあと涼しく短い夏が訪れる。そして、季節ごとにコディアックヒグマの餌の内容も変化する。春から初夏にかけては、繁茂する草を食べる。夏の終わり初秋にかけてはベリー類を食べる。5月から9月にかけては、周辺の湖や川で産卵のために遡上するサケを捕食する。クマは順応性が高く、処理が適切ではないゴミや食べ物を求めて、キャンプ場や民家の近くまで出没することもある。

コディアックヒグマは、かつて家畜を守るために駆除されていたが、現在は個体数を維持するために狩猟が制限されている。その結果、保全状況は「軽度懸念」となっている。オライリーの表紙の動物の多くは絶滅の危機に瀕しているが、そのどれもが世界にとって重要な存在である。

詳解 Rustアトミック操作とロック

——並行処理実装のための低レイヤプログラミング

2023年11月10日　初版第1刷発行

著　　者　Mara Bos（マーラ・ボス）
訳　　者　中田 秀基（なかだ ひでもと）
発 行 人　ティム・オライリー
制　　作　スタヂオ・ポップ
印刷・製本　株式会社平河工業社
発 行 所　株式会社オライリー・ジャパン
〒160-0002　東京都新宿区四谷坂町12番22号
TEL　(03)3356-5227
FAX　(03)3356-5263
電子メール　japan@oreilly.co.jp
発 売 元　株式会社オーム社
〒101-8460　東京都千代田区神田錦町3-1
TEL　(03)3233-0641(代表)
FAX　(03)3233-3440

Printed in Japan (ISBN978-4-8144-0051-5)
落丁、乱丁の際はお取り替えいたします。